KB262828

알쏭달쏭

창의
여행

알쏭달쏭 창의 여행

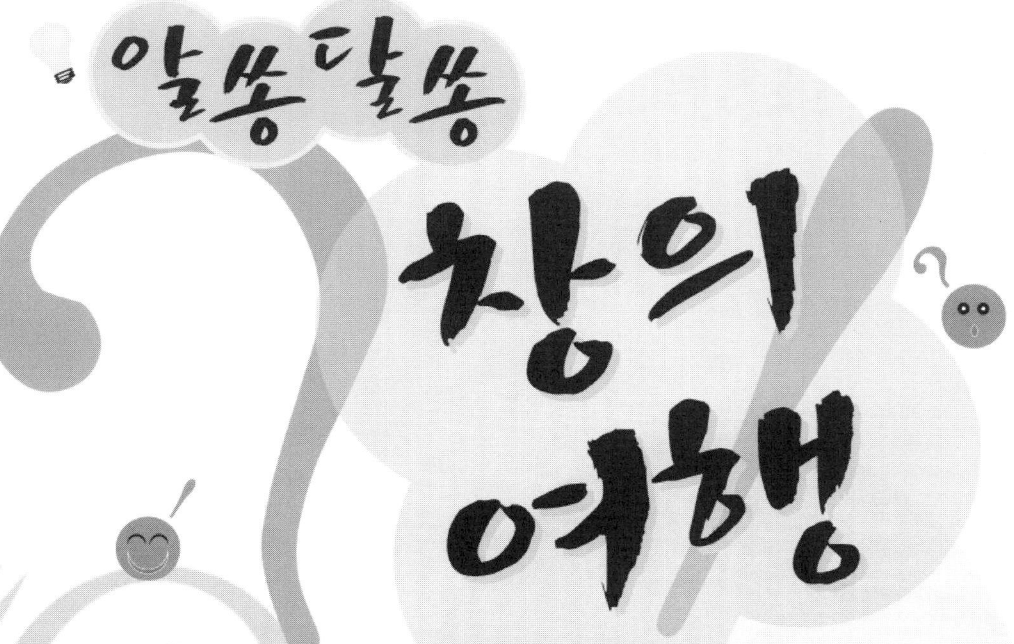

강인구 지음

세창미디어

알쏭달쏭 창의여행

펴낸날 | 2008년 9월 5일 초판 인쇄
         2008년 9월 10일 초판 발행
지은이 | 강인구
펴낸이 | 이방원
펴낸곳 | 세창미디어

　　　　　주 소 | 서울시 서대문구 냉천동 182 냉천빌딩 4층
　　　　　전 화 | 723-8660 팩 스 | 720-4579
　　　　　e-mail | sc1992@empal.com
　　　　　http://www.scpc.co.kr
　　　　　신고번호 | 제300-1998-3호

값 10,000원

잘못 만들어진 책은 바꿔 드립니다.

ISBN 978-89-5586-085-6   03000

알쏭달쏭 창의여행 / 강인구 지음. — 서울 : 세창미디어, 2008
　　 p. ;   cm — (도전! 발명왕 ; 20)

ISBN 978-89-5586-085-6 03000 : ₩10000

창의력[創意力]

181.53-KDC4
153.35-DDC21　　　　　　　　　　　　　　　CIP2008002737

지금의 세계는 톡톡 튀는 각양각색의 다양한 생각을 가진 사람들이 이끌고 있습니다. 이런 흐름에 따라 우리 사회도 창의적인 인재를 존중하고 열린 사고와 독특한 생각을 가진 사람을 요구하고 있습니다. 그래서인지 요즈음 새로운 생각을 가지고 도전하는 사람들이 성공하는 시대가 되었으며, 에디슨과 같은 발명가나 창의성을 가진 신지식인이나 벤처사업가가 되겠다는 꿈을 가진 청소년들도 많아졌습니다. 하지만 모든 사람이 그 꿈을 다 이루기는 어렵습니다. 왜냐하면 창의적인 발상을 하기가 어렵기 때문이지요. 창의적인 생각은 허무맹랑한 구름 잡는 이야기가 아니라 체계적이고 과학적인 이론에 바탕을 둔 개개인의 특이한 소질이기 때문이지요.

그러면 창의적인 생각이 이렇게 어려운 이유는 무엇일까요?

가장 큰 이유는 "생각의 폭을 어떻게 넓혀야 하는지" 그래서 "생각하는 방법을 어떻게 바꾸어 보는지"를 잘 모르기 때문입니다. 우리 속담에

"배워서 남 주나"라는 말이 있지요. 이 말은 아무리 쉬운 일도 배우지 않으면 "내가 할 수 없는 일"로 되어 버리기 때문에 열심히 배우라는 말이지요.

〈알쏭달쏭 창의여행〉은 창의적인 생각과 개개인의 특이한 소질을 키울 수 있도록 필자의 수십여 년 간의 "창의와 발명교육"을 바탕으로 하였고, 창의적인 생각의 기초를 넓히고 다양한 방법으로 학생들이 알 수 있도록 쉽고, 재미있게 설명한 책입니다.

창의성을 키울 수 있는 12가지 원리로 창의적인 생각의 폭을 넓히고 자발적으로 공부할 수 있도록 그 방법과 원리를 아주 알기 쉽게 적어 놓았습니다. 이 내용을 바탕으로 부모와 함께 토의하면서 수시로 떠오르는 생각들을 메모해 두었다가 후에 다시 생각하고 개량·발전시킨다면 두뇌개발에 많은 도움이 되리라 확신합니다.

그리고 창의성 교육의 바탕이 되는 창의력을 키우는 119가지 문제를 엄선하여 실었습니다. 이 문제들은 생각을 다양하게 할 수 있는 기초문제로서 이 방법만 터득한다면 다른 어떤 어려운 문제들이 나와도 창의력이 쑥쑥 커짐을 알 수 있을 것입니다.

자! 이제 21세기의 우리의 미래는 청소년 여러분들에게 달려 있습니다. 땅속의 돌을 갈고 닦으면 유용한 보석이 되듯이 꾸밈없고 발랄한 사고와 창의력 증진만이 우리의 밝은 미래를 가져올 수 있습니다. 이 하나하나의 글들이 학생들의 머리를 두드림으로써 묘목장에 건전한 씨앗을 뿌리는 역사적 계기가 되었으면 하는 염원입니다. 아무쪼록 이 책이 창의성 교육의 등불이 되어 21세기의 세계적이고 창의적인 두뇌가 배출되는 기틀이 마련될 수 있기를 기원합니다.

끝으로 이 책을 위하여 삽화를 그려주신 상주중학교 안인기 선생님께
깊은 감사의 마음을 전합니다.

2008년 7월

저자 강 인 구

I. 관찰은 모든 창의력의 기초이다

I. 관찰은 모든 창의력의 기초이다 ◆17

1. 발명, 발견이란 무엇일까요? ◆21
2. 무엇을 그린 그림일까요? ◆22
3. 알코올램프를 잘 관찰하여 봅시다 ◆23
4. 다음 그림은 무슨 모양일까요? ◆24
5. 어느 것이 가장 길까요? ◆25
6. 잊지 않으려면 어떻게 하면 될까요? ◆26
7. 개구리는 어떻게 행동할까요? ◆27
8. 어떤 기구의 모양일까요? ◆28
9. 몇 분 만에 다 뺄 수 있을까요? ◆29
10. 어떤 특징이 있을까요? ◆30

II. 고정관념은 창의력을 파괴한다 ◆31

11. 어떤 생각을 하고 있을까요? ◆35
12. 어떻게 지탱할 수 있을까요? ◆36
13. 어떤 그룹에 속할까요? ◆37
14. 그룹의 모양은 무엇이 다를까요? ◆38
15. 무게중심은 어떻게 잡을 수 있을까요? ◆39
16. 넓이는 어떻게 측정할 수 있을까요? ◆40
17. 어느 방향으로 가야 할까요? ◆41
18. 어떤 것이 가장 멀리 갈까요? ◆42
19. 어떤 것이 가장 가벼울까요? ◆43
20. 밧줄은 어떻게 풀 수 있을까요? ◆44

III. 자연은 창의성 교육의 원천이다 ◆45

21. 어떻게 펠 수 있을까요? ◆49
22. 비는 어떤 모양으로 내릴까요? ◆50
23. 뱀은 왜 혀를 날름거릴까요? ◆51
24. 동전으로 병을 들어 올릴 수 있을까요? ◆52
25. 지구는 왜 기울어져 있을까요? ◆53
26. 무게는 어떻게 변할까요? ◆54
27. 두 저울의 무게는 같을까요? ◆55

28. 받을 수 있을까요?   ◆56

29. 어떤 다리를 놓으면 좋을까요?   ◆57

30. 머리카락은 어떻게 풀 수 있을까요?   ◆58

Ⅳ. 상상의 나래를 펼쳐야 창의성이 생성된다   ◆59

31. 철과 솜은 어느 것이 더 무거울까요?   ◆63

32. 왜 눈은 두 개일까요?   ◆64

33. 몇 cc 일까요?   ◆65

34. 어떤 것이 날계란일까요?   ◆66

35. 물로 종이를 태울 수 있을까요?   ◆67

36. 어떤 발명품을 찾아낼 수 있을까요?   ◆68

37. 어떻게 가장 빨리 계산할 수 있을까요?   ◆69

38. 다음의 상호는 어떤 의미를 가지고 있을까요?   ◆70

39. 빨대를 중앙에 세워 보세요   ◆71

40. 어떤 병이 뜰까요?   ◆72

Ⅴ. 모든 일에 과학, 수학적인 원리를 적용하라   ◆73

41. 시험관이 손가락에 붙게 할 수 있을까요?   ◆77

42. 규칙성을 찾아봅시다   ◆78

43. 어떻게 통과시킬 수 있을까요? ◆79

44. 물을 부으면 어떻게 될까요? ◆80

45. 어떻게 나눌 수 있을까요? ◆81

46. 어떻게 한 번에 정확하게 따를 수 있을까요? ◆82

47. 어떻게 측정할 수 있을까요? ◆83

48. 어떻게 정사각형을 만들 수 있을까요? ◆84

49. 어떻게 정삼각형을 만들 수 있을까요? ◆85

50. 어떻게 이으면 될까요? ◆86

Ⅵ. 문제해결과정에 중점을 두어야 사고력이 확산된다 ◆87

51. 극은 어떻게 찾아낼 수 있을까요? ◆91

52. 어떻게 셀 수 있었을까요? ◆92

53. 짚은 어디로 갔을까요? ◆93

54. 어떻게 자르면 좋을까요? ◆94

55. 왜 딸기가 없었을까요? ◆95

56. 어떻게 아래 모양으로 나타낼 수 있을까요? ◆96

57. 어떻게 넣을 수 있을까요? ◆97

58. 다음에 들어갈 숫자는 얼마일까요? ◆98

59. 반대로 생각하면 어떻게 될까요? ◆99

60. 정삼각형은 어떻게 만들 수 있을까요? ◆100

Ⅶ. 생활 속에서 기본 원리를 알게 하라 ◆101

61. 무가당 빵은 어느 것일까요? ◆105

62. 어떤 가스레인지일까요? ◆106

63. 공기가 잘 통하게 할 수 있을까요? ◆107

64. 어떤 이야기를 했을까요? ◆108

65. 어떤 그림일까요? ◆109

66. 어떤 부호가 들어가야 성립될까요? ◆110

67. 어떻게 놓으면 6줄이 될까요? ◆111

68. 어떻게 운전할 수 있을까요? ◆112

69. 2층 스위치를 찾아보세요 ◆113

70. 노래의 3절 가사를 지어 보세요 ◆114

Ⅷ. 창의성을 기르려면 생각할 시간을 충분히 주어라 ◆115

71. 15년 후 나는 어떤 모습일까요? ◆118

72. 어떻게 나누었을까요? ◆119

73. 나는 어떤 좋은 일을 할까요? ◆120

74. 다음 이야기는 어떤 모순점이 있을까요? ◆121

75. 시간을 줄여라 ◆122

76. 다른 사용처를 찾아보세요 ◆123

77. 다 쓴 타이어의 용도를 쓰시오 ◆124

78. 섬에서 아파트를 분양하는 방법을 쓰시오　◆125

79. 가장 필요한 물건은 무엇일까요?　◆126

80. 헌 신문지의 다른 사용처를 쓰시오　◆127

IX. 생산적인 교육이 창의성 증진의 지름길이다　◆129

81. 더 편리한 모양으로 바꾸어 보세요　◆132

82. 연결된 4직선으로 꽃을 심어보세요　◆133

83. 집을 작게 만들어 보세요　◆134

84. 붕어를 미꾸라지로 만들어 보세요　◆135

85. 사과를 세 번만 잘라 8조각으로 내어 보세요　◆136

86. 어떤 칼일까요?　◆137

87. 어떤 현상이 일어날까요?　◆138

88. 쓰레기를 자원화하여 봅시다　◆139

89. 평행선이 아니게 해보세요　◆140

90. 짧은 선으로 보이게 해보세요　◆141

X. 창의성 교육은 일상생활 속에서 이루어져야 한다　◆143

91. 왜 강아지가 떨고 있을까요?　◆147

92. 할머니를 핀에서 어떻게 보호할 수 있을까요?　◆148

93. 어떻게 쉽게 셀 수 있을까요? ◆ 149

94. 몇 마리일까요? ◆ 150

95. 몇 마리의 붕어가 있을까요? ◆ 151

96. 나의 위치는 어떻게 이야기할 수 있을까요? ◆ 152

97. 10년 후의 선풍기는 어떻게 변하여 있을까요? ◆ 153

98. 하루살이는 진짜 하루만 살까요? ◆ 154

99. 머리띠를 어떻게 활용하면 좋을까요? ◆ 155

100. 어떻게 절약할 수 있을까요? ◆ 156

XI. 발명 교육이 창의성 교육의 근본이다 ◆ 157

101. 어떻게 보이게 할 수 있을까요? ◆ 161

102. 어떤 쉬운 방법들을 고안할 수 있을까요? ◆ 162

103. 넓이를 측정하여 봅시다 ◆ 163

104. 다른 용도로 사용할 수는 없을까요? ◆ 164

105. 어떤 기구로 만들 수 있을까요? ◆ 165

106. 어떻게 절약할 수 있을까요? ◆ 166

107. 공통점은 무엇일까요? ◆ 167

108. 가정의 일기예보를 하여 봅시다 ◆ 168

109. 내가 만약에 개구리가 된다면 어떻게 할까요? ◆ 169

110. 어느 닭이 알을 부화할 수 있을까요? ◆ 170

XII. 생활화된 창의성 교육이 창의력을 높인다   ◆171

111. 낙엽이 너무 커서 안 보이게 하려면 어떻게 할까요?   ◆175

112. 왜 화상을 입지 않을까요?   ◆176

113. 어디에 사용할 수 있을까요?   ◆177

114. 고양이와 쥐는 가족이 될 수 있을까요?   ◆178

115. 어떤 모양의 책을 만들 수 있을까요?   ◆179

116. 나비와 나방은 어떻게 다를까요?   ◆180

117. 같은 높이를 어떻게 측정할 수 있을까요?   ◆181

118. 우리의 하루는 우주에서 몇 시간일까요?   ◆182

119. 우주에서는 어떤 일이 벌어질까요?   ◆183

I. 관찰은 모든 창의력의 기초이다

요사이 최첨단 시청각 기자재가 많이 개발되어 모든 과목의 수업에 활용되고 있다. 특히 과학 수업에서는 삽화나 실물 등을 보면서 교사의 설명을 듣거나 질문에 대답하는 등의 방식으로 학습하는 경우가 많다.

그 중에서도 학생들의 관찰력을 측정하기 위해서 주위에 흔히 나타나는 현상을 이용하는 경우가 많다. 예를 들어 실내에 암막을 쳐서 어둡게 한 후 촛불이나 알코올램프를 중앙에 켜 놓고 "자! 여러분, 촛불이나 알코올램프를 유심히 관찰해 보고 나타나는 현상이나 특징을 20분 동안에 30가지 이상 종이에 적어 보세요"라고 한 후 종이를 나누어 주고 각자의 생각을 적게 하는 방법이 있다.

학생들은 촛불이나 알코올램프가 타고 있는 현상을 보면서 변화하는 과정을 창의적으로 관찰하게 되고 그 결과를 종이에 적는다. 하지만 10가지 이상 적는 학생이 매우 적음을 알 수 있다.

다른 예로 작은 원과 큰 원의 두 원이 붙어 있는 것을 그려 놓고 "이것이 무엇같이 생겼나요? 생각나는 대로 많이 써 보세요" 하고 20분의 여

유를 준 후 결과를 보면 대다수의 학생들이 앞의 문제보다도 더 적은 생각을 적어냄을 알 수 있다. 이는 세밀하게 관찰하는 습관이 어릴 때부터 형성되지 않아 모든 면에서 매우 단순하게 생각하고 있음을 의미한다.

이를 개선하기 위해서는 아주 간단한 것부터 관찰, 분석하는 습관을 갖게 해야 한다. 그리고 앞의 문제들에서 적어도 20개 이상 찾아낼 수 있도록 연습을 시켜주어야 한다. 재떨이나 물통을 갖다 놓고 "이 물건을 사용할 수 있는 다른 유용한 사용처를 찾아보세요"와 같은 문제는 우리 주위에 있는 모든 기구나 사물에 대한 관찰력을 높일 수 있다.

이런 방법으로 훈련된 학생들은 모든 수업에서도 탁월한 능력을 나타낸다. 과학시간에 "그림자의 모양을 보고 태양이 어느 쪽에 있는지 고도를 조사해 보세요"라는 관찰과제를 제시하면 팀원들과 협조하여 여러 가지 방법으로 실험설계를 하게 된다. 그러면 태양의 고도와 그림자의 방향, 모양 등을 찾을 수 있는 여러 가지 기구들을 이용한 세밀한 관찰 방법을 스스로 터득할 수 있다. 이런 과정들은 매우 쉬운 것 같지만 여러 가지 경험을 통해 머리를 짜지 않으면 어려운 문제임이 틀림없다.

여기서 주의해야 할 점은 이런 과정들이 습관적으로 형성되도록 해야 한다는 것이다. 임시방편은 참된 관찰력을 길러 줄 수 없을 뿐만 아니라

오히려 관찰력의 싹을 꺾는 결과를 낳을 수 있다. 때문에 학교와 가정에서 생활 과학 기록장이나 관찰 기록장을 만들어 주고 수시로 보는 것을 적도록 하는 것도 매우 효과적이다.

① 발명, 발견이란 무엇일까요?

　일반적인 사람들은 새로운 것을 발견하더라도 무심코 지나쳐 버립니다. 그러나 관심이 있는 사람들은 그렇지 않습니다. 새로운 기구들을 이리저리 조사해보고 의문점을 풀어 내곤합니다. 이것이 두뇌의 가치를 높이는 길이기도 하며 전문가가 되는 기초가 되는 것입니다. 우리 주위에서 어떤 사물이나 상품을 볼 때 이상하거나 특이한 점을 찾아봅시다. 의문 나는 점은 없었나요? 불편한 점이나 의문 나는 점을 생각하여 보고 아래 그림의 의미를 이야기로 말하여 봅시다.

문제풀이과정

　공부를 잘하고 못하고의 가장 기본이 되는 것은 호기심을 가진 관찰이라 할 수 있습니다. 호기심을 가지면 관찰력이 증가하고 그 문제를 해결하는 과정에서 많은 정보를 획득하게 됩니다.

　※ 관찰, 호기심 → 상상력(창의력) → 많은 정보

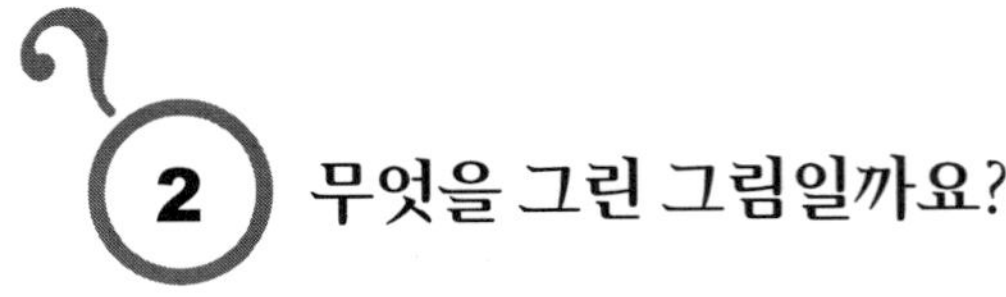

무엇을 그린 그림일까요?

창의성 교육의 가장 기초는 상상력을 풍부하게 하는 것입니다. 이 상상력이 공상이 되지 않고 현실화되었을 때는 새로운 고도의 기구를 발명할 수 있습니다. 아래 그림은 간단한 기초문제로서 어떤 물체를 위에서 보고 그린 그림입니다. 무엇을 그렸을까요? 상상하여 10가지 이상 말하여 봅시다.

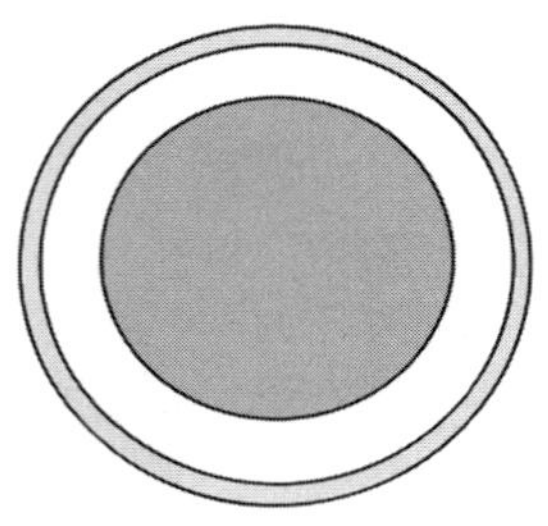

문제풀이과정

창의성 증진교육의 기초로서 상상력을 발휘하여 유추할 수 있는 문제입니다. 우리 주변에서 일어나는 모든 일들은 문제가 발생하면 그 문제를 여러 각도에서 관찰 분석할 수 있는 능력을 가져야 합니다. 이 문제도 상상력을 풍부하게 하는 기초문제로서 여러 각도에서 분석해보고 어떤 물체인지를 알아내는 것입니다.

3 알코올램프를 잘 관찰하여 봅시다

관찰은 발명과정 중에서 가장 중요한 것입니다. 관찰을 잘할 수 있어야 사고력과 창의력이 배양됨은 물론 사물의 이치를 잘 파악할 수 있습니다. 이런 기본을 배우기 위해서는 여러 가지 훈련이 필요합니다. 그 훈련 중의 하나가 불이 붙은 알코올램프에 나타나는 현상을 관찰하는 것입니다. 알코올램프를 켜놓은 상태에서 나타나는 모습을 관찰하여 50가지 이상 특징을 말하여 봅시다.

문제풀이과정

모든 물체를 그냥 보아 넘기지 않고 세밀하게 관찰할 수 있는 기본을 가지기 위해서는 세심한 관찰이 그 기본이라 할 수 있습니다. 이 문제는 알코올을 넣기 전과 후, 불이 꺼지고 난 후를 비교 관찰하여 불의 색부터 알코올의 양까지 변화하는 과정을 관찰할 수 있어야 합니다.

4 다음 그림은 무슨 모양일까요?

오른쪽 그림을 그려 놓고 "어떤 모양일까요?"라고 물으면 거의 다 "눈사람이요"라고 대답을 합니다. 이것은 그림을 정면에서 보았을 때의 답 중의 하나입니다. 그러나 여러 가지 각도에서 보면 다양한 모양의 물체를 찾을 수 있습니다. 그래서 나온 것이 추시계, 그림자, 아기 자는 모습, 기어, 손잡이 달린 바구니, 뚜껑을 연 캔, 해골 바가지, 눈사람, 인형, 목탁, 뚜껑 열린 밥솥, 목걸이 등입니다. 다른 모양 10가지를 더 찾아보세요.

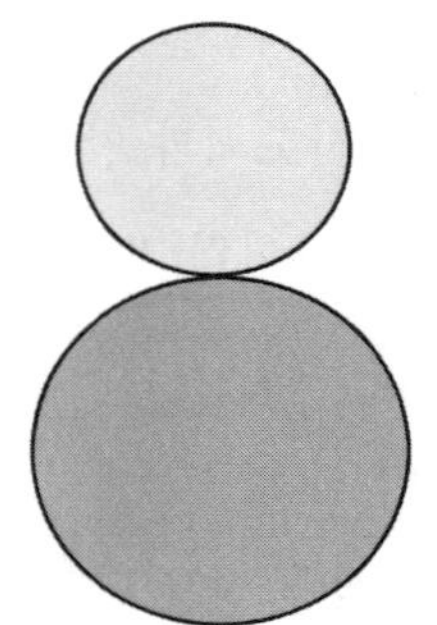

문제풀이과정

창의성의 기초문제로서 여러 각도에서 관찰 분석해야 많은 답을 찾을 수 있습니다. 이 문제를 내어보면 이구동성으로 "눈사람이요"라고 말하곤 합니다. 그러나 필자가 조사한 바로는 그 외에 50가지 이상 유추해내는 학생도 있었습니다. 이런 학생은 이 그림을 눕혀서 보고 거꾸로 보기도 하면서 여러 각도에서 분석하여 많은 답을 찾아내고 있습니다. 이런 학생일수록 창의력이 뛰어나 발명품 경진대회에서 우수한 성적을 거둠을 확인할 수 있습니다.

⑤ 어느 것이 가장 길까요?

어느 대학교 입시시험이었습니다. 면접에서 질량을 모르는 분동을 수험생에게 주고는 "이것이 몇 g입니까?"라고 질문을 하였습니다. 실험을 많이 해보지 않은 학생들은 몇 g인지 몰라 대충 "3g 정도입니다"라고 대답을 하였습니다. 과연 맞는 답일까요? 아래 그림도 같은 유형의 문제로서 길이를 자로 측정하지 말고 눈으로 측정하는 문제입니다. 어느 선이 가장 길까요?

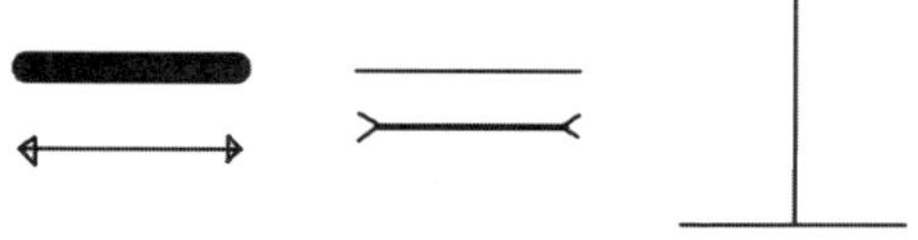

 문제풀이과정

일상생활에서 일어나는 모든 일들은 정확하게 하기보다는 눈짐작으로 대충 해나가는 일이 많습니다. 설령 설계도대로 한다고 하더라도 실제로 해보면 설계도와 차이가 많이 남을 경험으로 알 수 있습니다. 이 그림도 우리가 눈으로 보는 것과 실제로 측정해보는 것과는 차이를 발견할 수 있는 문제입니다. 때문에 모든 일을 과학적으로 분석하여 정량적으로 처리하는 것이 오차를 줄일 수 있는 가장 좋은 방법이기도 합니다.

6 잊지 않으려면 어떻게 하면 될까요?

화동이라는 발명가가 버스를 타고 출근하다가 좋은 발명 아이디어가 생각났습니다. 그래서 퇴근하면 집에 가서 만들어 보아야지 하는 생각을 갖고 하루를 보냈습니다. 그런데 퇴근 시간에 만나자는 전화가 와서 동창생을 만나고 저녁 늦게 집에 가서 잠을 잤습니다. 그럭저럭 며칠이 흐른 후 이 발명 아이디어를 잊어버렸습니다. 이 발명가가 아이디어를 잊어버리지 않게 하는 데 가장 적당한 방법은 무엇입니까?

문제풀이과정

만물의 영장이라 하더라도 기억력은 한정되어 있기 때문에 수시로 메모하지 않으면 잊어버리게 됩니다. 그래서 세계적으로 유명한 사람들은 모두 메모지와 펜을 항상 몸에 붙여 다니는 메모광임을 알 수 있습니다. 특히 순간적으로 지나가는 착상이나 전시회를 관람할 때는 필히 메모하여 집에서 분석하는 습관을 지녀야 합니다.

7 개구리는 어떻게 행동할까요?

곰이나 개구리는 겨울잠을 잡니다. 겨울잠을 자는 동안에는 거의 움직이지 않고 가만히 있습니다. 이런 겨울에 겨울잠을 자는 개구리를 잡아 가스레인지 위에 놓고 서서히 가열하면 개구리는 어떤 행동을 하게 될까요? 이 문제를 자신의 행동과 비교해보고 적응하는 방법에 대하여 토의하여 봅시다.

문제풀이과정

세월이 흐를수록 세계는 급변하고 있으며 앞으로는 더 가속화될 전망입니다. 요사이 사회의 흐름을 보면 하루하루가 다르게 변하고 있으며 또한 다양해지는 것이 이를 증명하고 있습니다. 우리는 이런 변화에 대해 민감하게 반응해야 하며 일류가 되려면 우리도 같이 변해야만 합니다. 그러나 개구리는 반응하지 않고 죽어갑니다. 이것이 동물과 인간의 차이점입니다.

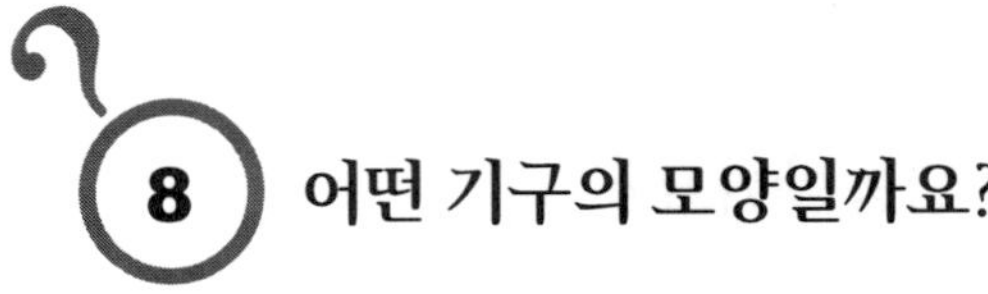

8 어떤 기구의 모양일까요?

아래 그림과 같이 원통을 보는 모양에 따라 여러 형태로 나타낼 수 있습니다. 이와 같이 모든 사물은 고정된 것이 아니고 보는 모양에 따라 그 가치와 모양도 달라지게 됩니다. 아래 그림 중에서 가장 오른쪽의 원은 어떤 모양을 나타낸 것인지 50가지 이상 말하여 봅시다.

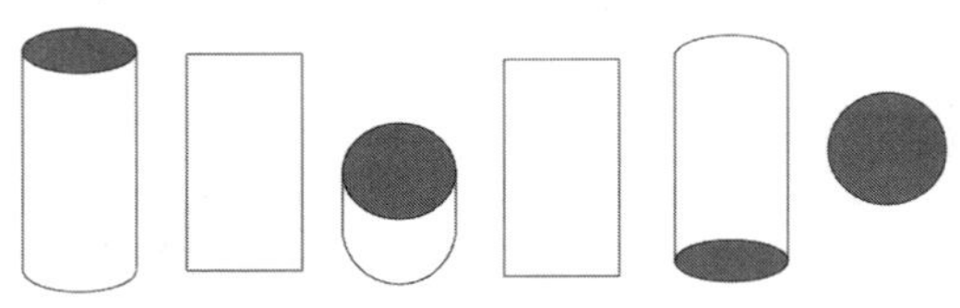

문제풀이과정

보는 위치에 따라서 자연의 풍경도 달라지듯이 모든 사물은 보는 각도나 마음에 따라서 다르게 보일 수가 있습니다. 또 "코끼리 다리"를 만지는 식으로 일부분을 보고 전체를 평가해서도 안 됩니다. 위 그림처럼 한 물체도 보는 각도에 따라 다양하게 모습이 나타나게 됩니다. 그러나 가장 간단한 원은 우리 주위에 있는 많은 기구들을 단면으로 나타낼 수 있습니다.

9 몇 분 만에 다 뺄 수 있을까요?

어느 날 창의력을 측정하기 위해서 한 아이에게 쌀 1되를 주고 쌀알이 몇 개인지 세어 보라고 하였습니다. 그런데 그 아이는 10분 만에 다 세어 버렸습니다. 창의력이 매우 높은 아이인 것입니다. 같은 방법으로 판자 위에 못이 박혀 있고 그 위에 뚜껑이 꼽혀 있습니다. 이것을 가장 빨리 뽑아내는 데는 몇 분이나 걸릴까요? 방법을 연구하여 봅시다.

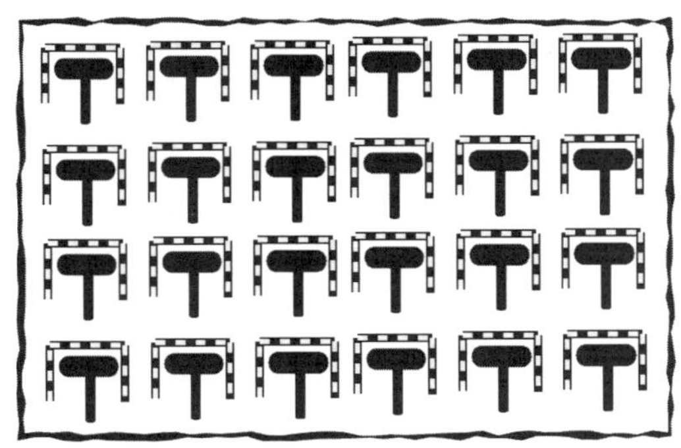

문제풀이과정

어떤 문제에 부딪쳤을 때 가장 경제적이고 효과적으로 해결할 수 있는 방법을 찾아내는 사람이 창의력이 높은 사람이라 말할 수 있습니다. 이때에는 고정적인 방법보다는 변형적인 방법이 더 효과적일 때도 있습니다. 고철이 된 배로 바다를 막는 것같이 말입니다. 위의 문제도 두뇌를 회전하면 새로운 다양한 방법이 나올 수 있습니다.

10 어떤 특징이 있을까요?

서로 다른 점을 찾아내는 것은 관찰하는 방법에서 가장 중요한 요소 중의 하나입니다. 아래의 그림은 모두 다른 특징을 가지고 그렸습니다. 세 그림의 다른 점은 무엇일까요? 잘 관찰 비교하여 보고 어떤 다른 점이 있는지 알아봅시다. 또 "강", "나"는 이 세 그림 중에 어디에 속할까요?

문제풀이과정

그림을 보면 양옥집, 초가집 그리고 토끼로 구성되어 있습니다. 이 그림을 이런 고정된 물건으로 보지 말고 모양으로 잘 관찰하여 어떤 점이 다른지 구별해야 합니다. 자! 자세히 보세요. 이 세 그림의 모양에서 선을 따라가 보면 어떤 다른 특징이 나타나 있을까요?

Ⅱ. 고정관념은 창의력을 파괴한다

중학교 학생들은 사고의 전환기에 있기 때문에 될 수 있는 대로 많이 생각할 수 있는 능력을 길러 주어야 한다. 또한 학생 스스로가 어떤 주제를 탐구하게끔 하여 끊임없는 의문점이 나올 수 있도록 지도하여야 한다. 이런 수업을 하기 위하여 학생들에게 같은 무게의 형태가 다른 나무토막과 판자를 여러 개 주었다.

학생들이 나무토막의 무게가 같다는 것을 모르는 상태에서 "어느 것이 가장 무겁습니까? 손으로 직접 측정해 봅시다"라고 말하자 병주는 망설임 없이 곧 "네모진 것과 원이 가장 무겁습니다"라고 말했다. 그 이유를 알아보니 "이 쪽이 굵으니까요"라고 말하는 것이었다. 다음은 모양이 다른 여러 가지의 나무토막을 물 속에 넣어 가라앉는 것을 보인 뒤 "잘 뜨도록 해 보세요"라고 말하자 여러 개의 나무토막을 하나하나 다 넣어 보았으나 역시 다 가라앉고 판자만 물 위에 떠 있었다. "왜 판자만이 물위에 뜹니까?"라고 질문하자 병주는 "판이 넓어 뜨려는 힘을 많이 받으니까요"라고 진지하게 대답하였다.

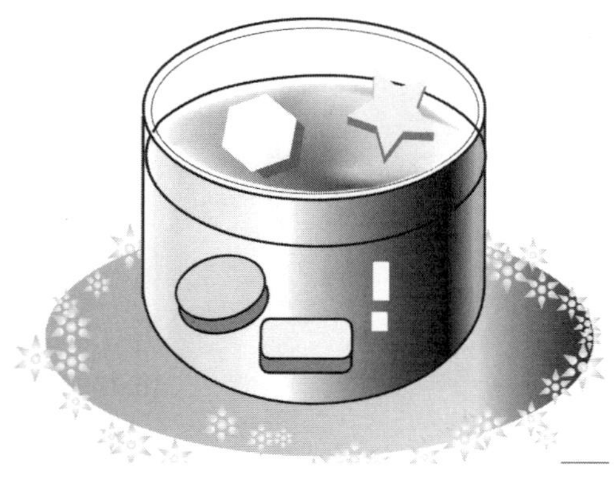

이런 수업이 이루어진 후 "나무토막을 뜨게 해보세요"라고 질문하자 곤란해진 병주는 물의 깊이를 깊게 하여 나무토막을 띄우려고 하였으나 역시 가라앉고 말았다. 그래서 "다른 방법은 없습니까? 연구해보세요"라고 말하자 병주는 아주 난처한 얼굴을 하면서 모기만한 소리로 머뭇거리고 있었다. 그래서 다시 "밀도를 이용하여 띄우는 방법을 연구해 보세요"라고 하였더니 병주는 소금과 설탕을 찾아 뿌려 나무토막을 띄웠다.

이런 창의성이 가미된 문제들은 어른의 눈으로는 매우 쉬울 수 있으나 학생들에게는 매우 어려울 수도 있다. 이런 과정이 익숙해지면 다양하게 실험하는 과정에서 물의 밀도와 나무토막의 관계를 스스로 알아낼 수 있다. 또한 이런 실험을 통해서 모양이 변해도 무게에는 변화가 없다는 것을 알게 되고 밀도에 따라서 물질의 뜨고 가라앉음이 다름도 알게 된다.

그래서 이번에는 다른 학생에게 "온도는 어느 쪽으로 올라가겠습니까?"라고 질문을 해보았다. 순식간에 모든 학생들이 이구동성으로 "위로 올라갑니다"라고 대답하고 있었다. 그래서 선생님이 "왜 위로 올라갑니까? 그 이유를 설명하여 봅시다"라고 하였더니 모두가 입을 다물었으나 그 중에도 똑똑한 편에 속하는 길석이가 "온도계를 보니까 위로 올라

가기 때문에 위로 올라갑니다"라고 아주 당당히 말하였다. 그래서 온도계를 옆으로 놓은 후 "온도계를 옆으로 놓으면 어떻게 될까요? 온도는 어디로 올라갑니까?"라고 묻자 자신의 힘으로는 해결할 수 없었던지 그만 주저 앉고 말았다.

이와 같이 사고력의 신장에 중요한 점은 사고의 맥을 짚어 학생들의 사고의 전개를 돕고, 스스로 탐구해 볼 수 있도록 핵심적인 질문을 던져 주는 것이다. 아무리 보잘 것 없는 답이라도 그것을 발표하게 하고 그것이 어떤 면에서 불합리한가를 알게 해주어야 한다. 교사는 정답만을 아는 완벽한 존재라는 생각을 버리고 같이 토론하는 길잡이로서의 역할을 충실히 해주어야 합리적으로 사고하는 능력을 기를 수 있다.

11 어떤 생각을 하고 있을까요?

병주는 방학이 되어 친구들과 가까운 산에 생물채집을 하러 갔습니다. 가다가 작은 개울이 있어 들어가서 플랑크톤을 채집하려고 친구가 돌을 들췄습니다. 그 순간 친구가 비명을 질러 돌아보니 친구의 표정이 아래의 그림과 같이 변하고 있었습니다. 왜 이런 표정으로 변했을까요? 이야기로 꾸며보고 발표하여 봅시다.

문제풀이과정

상상력에 관한 문제입니다. 어떤 사건을 상상력을 동원하여 유추하여 보는 것도 두뇌개발에 많은 도움을 주고 있습니다. 이 이야기를 시켜본 결과 100이면 100사람 모두가 아주 재미난 이야기로 꾸며내는 것을 알 수 있습니다. 자! 어떤 이야기가 나올까요? 기대하여 봅시다.

12 어떻게 지탱할 수 있을까요?

이 지구상에 가장 큰 동물은 코끼리라고 하며 1m의 낭떠러지를 뛰지 못한다고 합니다. 그 이유는 무게 때문에 뛰면 척추가 상한다고 합니다. 그러나 이솝우화에는 거인국과 소인국의 이야기는 다르게 나오고 있습니다. 만약에 우리보다 10배나 더 큰 650kg, 17m의 거인이 있다면 지구상에서 어떻게 살아갈 수 있으며 어떤 모순점이 있을까요? 과학적으로 규명하여 봅시다.

문제풀이과정

이솝우화의 거인국과 소인국의 이야기입니다. 우리가 읽는 책의 이야기 중에는 실현가능한 것도 있고 불가능한 것도 있습니다. 만약 과학적으로 맞는 이치라면 지금은 실현불가능할지라도 미래에는 가능할 것입니다. 그렇기 때문에 과학적으로 분석을 해보아야 하는 것입니다. 이런 거인이 지구상에 존재한다면 많은 문제점이 생길 것이고 또 존재조차도 과학적으로 불가능한 일일지도 모를 것입니다. 존재가 가능한지 생각하여 보세요.

13 어떤 그룹에 속할까요?

다음의 표는 분수를 일정한 원칙에 따라 그룹으로 나열하여 놓은 것입니다. 각 그룹의 분수들을 계산하여 보고 특징을 찾아 비교하여 봅시다. 각 그룹의 특징을 알아내었다면 9/10는 어느 그룹에 속할까요? 알아봅시다.

1그룹	2그룹	3그룹	4그룹
1/2, 1/5, 4/10	1/4, 6/8, 3/12	3/8, 5/8, 7/8	1/3, 1/6, 4/6

문제풀이과정

어떤 그룹의 공통점이나 다른 점을 찾아내는 것은 매우 중요한 일입니다. 이런 성질을 잘 파악해야 문제를 해결하는 실마리를 찾을 수 있습니다. 일반적으로는 배와 사과의 공통점보다는 다른 점을 찾는 것이 더 어려운 것처럼 공통점보다는 다른 점을 찾아내는 것이 더 어려운 일이기도 합니다. 풀어보면 어떤 다른 점이 있는지 알 수 있을 것입니다.

14 그룹의 모양은 무엇이 다를까요?

다음은 숫자를 일정한 규칙과 모양대로 나열하여 놓은 것입니다. 모양을 잘 관찰하여 보면 서로 다른 점이 나타날 것입니다. 어떤 특징과 유사점이 있을까요? 특징을 알아내었다면 15는 어느 그룹에 속하는지 알아봅시다.

1그룹	2그룹	3그룹
0, 36, 89	1, 4, 7, 14	2, 5, 12, 13

문제풀이과정

그림은 숫자를 일정한 성질대로 나열해 놓은 것입니다. 이 숫자를 숫자로 보지 말고 모양으로 관찰해야 합니다. 잘 관찰하면 그룹마다 다른 성질을 찾아낼 수 있을 것입니다. 이와 같이 어떤 그룹의 공통점이나 다른 점을 찾아내는 것은 매우 중요한 일입니다. 이런 성질을 잘 파악해야 문제를 해결하는 실마리를 찾을 수 있기 때문입니다. 어떻게 다를까요?

15 무게중심은 어떻게 잡을 수 있을까요?

과학 실험을 하기 위하여 집에 찾아보니 불규칙하게 쪼개진 판자가 있습니다. 실험을 하기 위해서는 불규칙한 판자를 수평으로 들어올려야 합니다. 그러나 이 판자를 수평으로 들어올리기 위해서는 무게중심을 알아야 수평으로 올릴 수 있습니다. 불규칙한 판자의 무게중심은 어떻게 알 수 있을까요? 토의하여 봅시다.

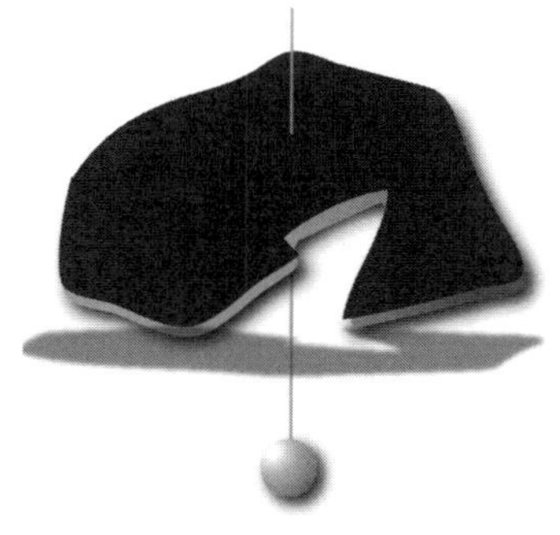

문제풀이과정

다리나 건물을 지을 때는 무엇보다도 무게중심을 잘 잡아주어야 흔들리지 않고 오래 지탱합니다. 그러나 다리의 무게 중심을 정확하게 잡아주는 일은 그리 간단치만은 않습니다. 위 문제는 중심잡기의 기초로서 일정한 모양의 형태보다 불규칙한 모양의 중심을 알아내는 방법입니다. 방법은 어느 곳이든지 2곳 이상 모서리 부분을 지정하여, 그 부분에 못을 치고 추를 묶은 실을 못에 걸어 실을 잡고 판자를 놓으면 추가 지구 중심을 향하게 됩니다. 그 선을 연필로 긋고 다시 다른 곳에 똑같은 방법으로 측정하면 만나는 곳이 나오는데 그 점이 판자의 무게중심이 됩니다.

16 넓이는 어떻게 측정할 수 있을까요?

가을이 되면 나뭇잎이 많이 떨어집니다. 이 나뭇잎의 넓이를 알고 싶은데 나뭇잎의 모서리 부분에 굴곡이 많아 넓이를 측정하기가 매우 힘이 듭니다. 어떻게 하면 쉽게 넓이를 측정할 수 있을까요?

문제풀이과정

우리가 학교에서 배우는 각 다각형의 넓이는 공식에 따라 풀면 되지만 나뭇잎같이 일정한 모양이 없는 물체들의 넓이를 측정하기란 매우 어려운 일입니다. 그래서 창의력을 발휘하여 해결해야만 합니다. 자! 일단 한 가지의 방법으로는 모눈종이를 사용하여 보세요. 모든 문제는 차근차근히 체계적으로 생각해야만 합니다.

17 어느 방향으로 가야 할까요?

누나 집에 가기 위하여 버스를 타고 갔더니 강어귀에 도착하였습니다. 강에는 차가 건너지 못하여 작은 나룻배를 저어 건너야 합니다. 강물은 빠르게 흐르고 있습니다. 이 강을 강물과 배의 속력을 같게 하여 A지점에 도착하고 싶습니다. 어느 방향으로 가야 A지점에 도착할 수 있을까요?

문제풀이과정

학교에서 공을 던져 멀리가기를 합니다. 그러면 모두 45°로 던지라고 하지만 이것은 다른 요인을 모두 무시했을 때의 일입니다. 마찬가지로 가장 빠른 거리를 가는 쪽이 가장 적게 시간이 걸리기 때문에 3의 방향으로 갈 수 있도록 각도와 속도를 조절해 주어야합니다. 과연 어느 쪽일까요? 이와 같이 과학은 생활의 기본입니다. 모든 면을 과학적으로 생각하는 습관을 가져야 합니다.

18 어떤 것이 가장 멀리 갈까요?

아래 그림은 재질과 높이가 같은 여러 가지 다른 빗면입니다. 빗면의 꼭대기에 크기와 무게가 같은 쇠공을 놓고 굴린다면 어떤 빗면의 공이 가장 멀리 갈까요? 과학적으로 연구하여 봅시다.

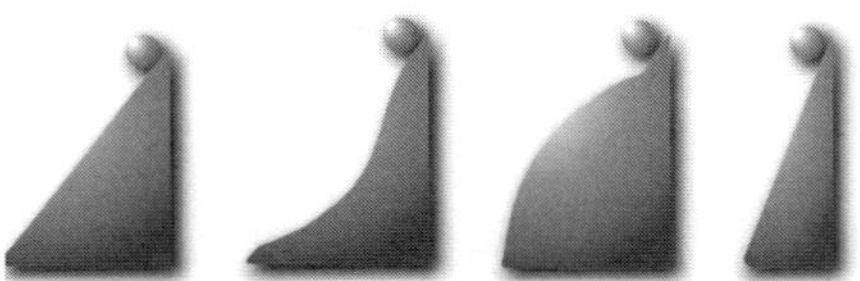

문제풀이과정

초등학교 때부터 과학을 배우고 있으나 실제로 그 원리를 사회생활에 응용을 못하고 있는 경우가 대부분입니다. 이는 과학이 과학실에서 끝나지 않고 가정생활에서 실제로 사용될 수 있도록 지도되어야 한다는 것입니다. 위의 문제도 위치에너지의 가장 기본적인 문제로서 모든 위치에 관한 에너지는 높이와 질량에만 관계합니다. 그러면 어떤 것이 가장 멀리 가게 될까요? 하드보드지로 빗면을 만들어 실험해 보는 것이 좋습니다. 모든 원리의 탐구는 "?"에서 시작하니까요.

19 어떤 것이 가장 가벼울까요?

우리 주위에는 지렛대를 사용하고 있는 곳이 매우 많습니다. 그러나 우리는 지렛대의 원리를 잘 모르고 있습니다. 어떤 것이든지 원리를 알아야 다른 곳에 응용할 수 있는 것입니다. 다음 그림과 같은 지렛대로 같은 무게의 추를 들어 올리려고 할 때 어떤 것이 가장 힘이 많이 들까요?

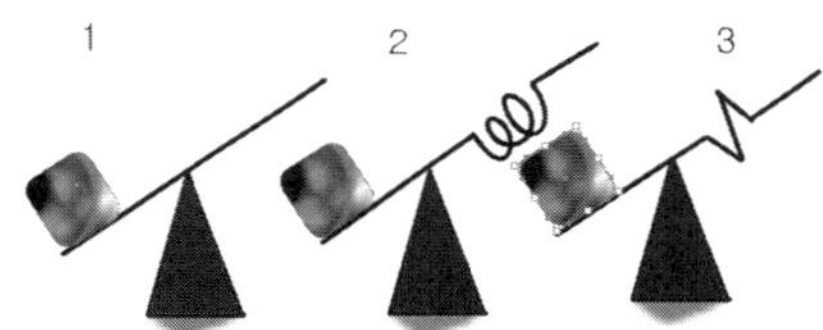

문제풀이과정

우리가 매일 마시면서도 공기의 고마움을 모르듯이 매일 지렛대를 사용하면서도 그 원리나 고마움을 아는 사람은 적은 것 같습니다. 이 문제도 지레의 원리에 관한 것으로서 원래 1종 지레나 2종, 3종 지레 모두가 길이에 관계가 있습니다. 그런데 지레가 꼬였군요? 드는 힘에 어떤 영향을 줄까요? 병따개로 실험을 해보고 차근차근히 분석하여 그 이유를 토의해 봅시다.

20 밧줄은 어떻게 풀 수 있을까요?

알렉산더 대왕이 어느 나라를 정복하였을 때 그 도시에서 이상한 전설을 듣게 되었습니다. 그 전설은 "이 기묘하게 얽힌 밧줄을 푸는 사람만이 이 나라의 진정한 왕이 될 수 있다"라는 이야기였습니다. 이 말을 들은 알렉산더 대왕은 그 밧줄이 있는 곳으로 가보았지만 얽힌 밧줄을 푸는 방법을 도무지 알 수가 없었습니다. 그러자 화가 나서 "나는 내방식대로 푼다" 하고 단번에 풀어버렸습니다. 어떻게 풀었을까요?

문제풀이과정

고정관념에 관한 문제입니다. 창의성 교육에서 고정관념이란 때로는 없애버려야 생각의 폭을 넓히는 지름길이 되기도 합니다. 우리가 익히 알고 있는 콜럼버스의 계란세우기와 같이 틀을 깨는 생각이 새로운 발상의 전환점이 되기도 하는 것이지요. 도저히 풀 수 없다면 어떻게 해야 할까요? 우리가 사용하는 실타래를 경험삼아 생각해 보세요.

Ⅲ. 자연은 창의성 교육의 원천이다

"과학은 자연의 모방이다"라는 이야기를 많이 하는 이유는 이 세상의 모든 원리들이 자연의 순리를 연구한 결과에서 나왔다고 할 수 있기 때문이다. 이런 이유로 인해 특허를 "자연 법칙을 이용한 고도의 기술적 창작"이라는 개념으로 정의내리고 있다. 쉽게 설명하면 우리가 일반적으로 부르는 발명의 기본원리는 생활하는 과정에서 가장 쉽게 접할 수 있는 자연의 법칙을 분석·연구하여 창작하는 것이라 할 수 있다. 이런 이치대로라면 발명이라는 것은 우리 주위에 항상 널려 있기 때문에 누구나 쉽게 할 수 있다는 것인데도 모두들 대단히 어렵다고들 한다.

그 이유는 발명하는 것을 이 세상에 하나밖에 없는 새로운 물건을 만드는 것으로 생각하기 때문이 아닌가 한다. 물론 발명을 한다는 것은 쉬운 일이 아니라는 것은 모든 사람들뿐만 아니라 전문가들도 잘 알고 있는 사실이다. 그러나 이 세상에 없는 새로운 물건을 만들어내는 것만이 발명이 아니고 지금 사용하고 있는 것을 좀더 편리하고, 간단하고, 다양하게 개선해 나가는 일도 모두 훌륭한 발명이 될 수 있다.

예를 들자면 요사이 누구나 사용하고 있는 홍부의 빨대발명이 그러하다고 할 수 있다. 처음에는 매우 단순하게 그릇의 액체를 입으로 먹을 수 없으니까 대롱으로 빨아먹을 수 있도록 한 것이 빨대 발명의 시초였다. 그러나 이 단순하고 기발한 발명이 점차 발전되어 수직으로 먹던 빨대를 꺾어서 먹을 수 있도록 구부러지는 빨대가 발명되었으며 또 여러 가지 단점을 보완하여 트롬본 빨대, 숟가락 빨대 등 수없이 개발되고 있는 것이다.

또다른 예로는 필자가 집필한 "발명왕 길라잡이"의 내용 중에 부모와

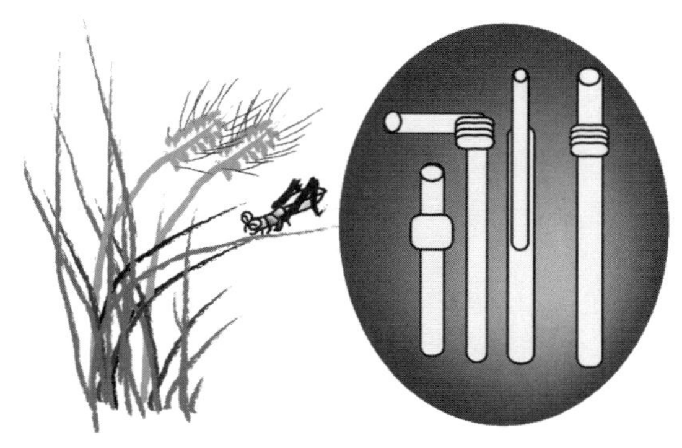

함께 풀어 보도록 이솝우화에 나오는 "늑대와 두루미"의 이야기를 제시한 적이 있다. 그 문제는 "주둥이가 긴 항아리 속의 스프를 늑대가 어떻게 먹을 수 있겠는가?"에 대한 해결점을 찾는 것이었다. 책이 발간된 후 전국에서 기발한 아이디어들이 쏟아져 나왔다. 그 중에서 "모래, 돌, 구슬 등을 넣으면 된다"라는 아이디어가 제일 많이 제출되었으며 이는 학생 개개인이 가지고 있는 기발한 창의성의 힘에서 비롯된 것이라 할 수 있다.

이러한 창의성이 가지고 있는 힘은 너무나 커서 다양한 영역에서 새로운 아이디어를 창출해내는 능력을 가지고 있다. 쥐를 사람모양으로 만들어 미키 마우스의 캐릭터를 만들어낸다든지, 멋진 문학 작품을 쓴다든지, 잘 미끄러지는 킥보드 등 모두가 이런 창의적인 능력에서 출발된 것이다.

이렇듯 자연현상을 이해하면 우리 주위에서 아주 쉽게 아이디어를 얻을 수 있는 기회를 가질 수 있다. 이런 아이디어를 이용하여 자연의 수많은 정보를 동적으로 변화시키고 정형화된 이미지를 변화와 개성 있는 이

미지로 변화시킬 수 있는 능력이 바로 창조적인 힘인 것이다. 또한 이런 힘들이 모이면 기존의 사고에서 벗어나 새로운 변화로의 도전을 가져다 주며 항상 자연을 응용하고 사고의 시각을 바꾸는 힘이 생성되어 다른 이미지로 탈바꿈시킬 수 있다.

때문에 고정된 사고의 각을 변화시키지 않고는 새로운 세계를 볼 수 없고 이끌어 갈 수 없는 이치가 여기에 있는 것이다. 우리가 한가할 때 휴가를 가서 산이나 바다에서 자연을 감상하고 자연의 원리를 알아와 우리 생활 속에서 창의적인 열매를 꽃피우자.

21 어떻게 꿸 수 있을까요?

옛날 어느 유명한 스승 밑에는 매일 많은 사람들이 찾아와서 제자로 받아달라고 간청했습니다. 그러자 그 스승은 구멍이 뚫린 큰 구슬을 몇 개 내놓고 실, 바늘, 꿀을 주면서 한 번에 이 구술을 꿰는 사람만을 나의 수제자로 삼겠다고 하였습니다. 시간이 지나도 아무도 구슬을 꿰지 못했 습니다. 그러던 중 한 선비가 나타나서 단번에 그 구슬을 꿰어 버렸습니 다. 그 선비는 어떻게 그 구슬을 꿸 수 있었을까요?

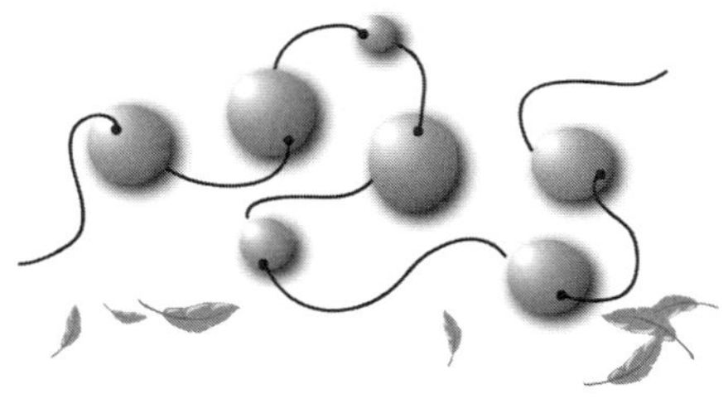

문제풀이과정

이 문제는 고정관념을 탈피해 보자는 이야기입니다. 우리는 관습에 젖어 무의식 적으로 고정관념에 빠져 새로운 생각이 나오면 "그것은 안 된다. 원래의 방법대로 해라"라고 말을 합니다. 그러나 새로운 생각이란 그런 것이 아닙니다. 틀을 벗어난 생각도 때론 유용하기 때문에 격려하고 지도해 주는 것이 바람직합니다. 자! 다양 한 방법 속에서도 이 문제의 한 가지 해결책은 곤충이 좋아하는 먹이를 이용하는 것입니다.

 **22** 비는 어떤 모양으로 내릴까요?

우리는 평소 하늘에서 내리는 비를 많이 보아 왔지만 그 모양이 어떻게 생겼는지는 한 번도 생각해 보지 않았을 것입니다. 이는 관찰력이 부족한 원인입니다. 이론적으로는 비는 빠르게 내리다가 공기의 저항 때문에 속도가 느려져 등속으로 떨어지게 됩니다. 그러면 떨어지는 비의 모양은 어떻게 생겼을까요? 생각하여 봅시다.

 문제풀이과정

우리가 평생 보던 것도 관찰력이 부족하면 그 생김새나 성질을 모르고 있는 경우가 많습니다. 물론 "원래 그렇겠지"라고 넘겨버린다면 할 말은 없지만 그렇게 하면 미래를 바라볼 수 없습니다. 어떤 과학자는 고속 사진기로 촬영하여 그 모양을 규명한 바도 있습니다. 자! 과연 어떤 모양일까요?

관찰은 생활과 과학의 가장 기본입니다. 모든 사물을 유심히 관찰하는 습관을 가지도록 노력해야 합니다.

50

23 뱀은 왜 혀를 날름거릴까요?

동물들은 살아남기 위한 수단으로 다양한 초인간적인 기능을 가지고 있습니다. 우리가 듣지 못하는 소리를 듣는가 하면 밤에도 멀리 볼 수 있습니다. 이런 동물 중에서 산에 가면 가장 무서운 것이 뱀입니다. 뱀을 보면 항상 혀를 날름거리고 있습니다. 왜 혀를 날름거릴까요? 그 이유를 조사하여 봅시다.

문제풀이과정

우리가 산에 가면 무심코 보았던 행동입니다. 항상 보았기 때문에 원래 그런 것으로 알고 관심을 두지 않으나 그 속에는 심오한 과학이 숨어 있습니다. 이와 같이 동물들 하나하나의 행동에도 다 의미가 있습니다. 어느 학생은 "하루살이는 과연 하루만 살까?" 라는 우리가 지나치는 평범한 주제를 가지고 전국대회에서 큰 상을 타기도 하였습니다. 연구 결과에 의하면 뱀은 온도를 감지하기 위하여 혀를 날름거린다고 합니다. 과연 그럴까요? 조사하여 봅시다. 이와 같이 모든 자연적인 현상들을 하나하나 분석해 가는 것이 바로 과학의 본질이라 할 수 있습니다. 또한 이런 현상들을 이용하여 생활에 유용한 발명품들이 탄생되기도 합니다.

24 동전으로 병을 들어 올릴 수 있을까요?

유리로 된 병을 100원짜리 동전으로 들어 올리려면 병의 뚜껑 주위에 크림을 바르고 병을 뜨거운 물 속에 담가둔 후에 병이 뜨거워졌을 때 동전으로 뚜껑을 덮습니다. 조금 기다리다가 동전을 들면 병이 딸려 오게 됩니다. 왜 딸려 올까요? 과학적으로 생각해 봅시다.

문제풀이과정

마술은 눈을 속이는 것도 있지만 과학적인 원리를 바탕으로 만들어지는 것도 있습니다. 과학적인 원리가 가미된 경우는 그 내용을 다양하게 변화시킬 수 있으며 아주 흥미롭게 만들 수도 있습니다. 위 문제의 핵심은 "병을 뜨거운 물 속에 넣으면 병 속의 공기는 어떻게 될까요?" 라는 문제입니다. 그 다음에는 공기가 통하지 않도록 병뚜껑 주위에 크림을 바르고 동전을 올려놓으면 병 속의 공기의 변화로 문제를 해결할 수 있는 내용입니다.

25 지구는 왜 기울어져 있을까요?

수업시간에 "지구는 왜 23.5° 기울어져 있습니까?"라고 학생들에게 물으면 "원래 그렇게 만들어져서 그렇습니다"라고 많이 대답을 하지만 그렇지가 않습니다. 다 이유가 있어서 기울어진 것입니다. 그 이유가 무엇일까요? 왜 똑바로 있지 않고 기울어져 있는지 토의하여 봅시다. 그렇다면 어떻게 하면 지구를 바로 세울 수가 있을까요?

문제풀이과정

과학수업을 하다보면 근본적인 문제를 질문해 올 때 가장 난감하게 됩니다. "지구에는 왜 공기가 생겼을까요?"라든가 "지구는 왜 23.5° 기울어져 돌고 있을까요?"라는 등의 질문입니다. 이 답을 "야! 원래 그렇게 생겼어"라고 대답해서는 되지 않습니다. 학생들에게는 분명하게 원리를 규명해 주어야 하기 때문에 팽이를 예를 들어 설명하면 쉽게 이해할 수 있습니다. 왜냐하면 이는 무게중심 때문만이 아니라 회전 속도와 관계가 있기 때문입니다. 팽이의 회전을 지구의 회전과 비교하여 보세요.

26 무게는 어떻게 변할까요?

무게를 측정하기 위한 저울의 발명은 오래되었습니다. 요사이는 전자 저울이라고 해서 아주 정밀한 질량까지도 측정하는 기계가 개발되어 나오고 있습니다. 아래 그림은 새의 무게를 측정하기 위해서 저울 위에 밀폐된 용기를 얹어 놓고 그 속에 새를 넣어 놓은 그림입니다. 새의 무게를 측정하려고 하니 새가 참지 못하고 그만 위로 날았습니다. 이때 저울의 눈금은 어떻게 변하였을까요? 토의하여 봅시다.

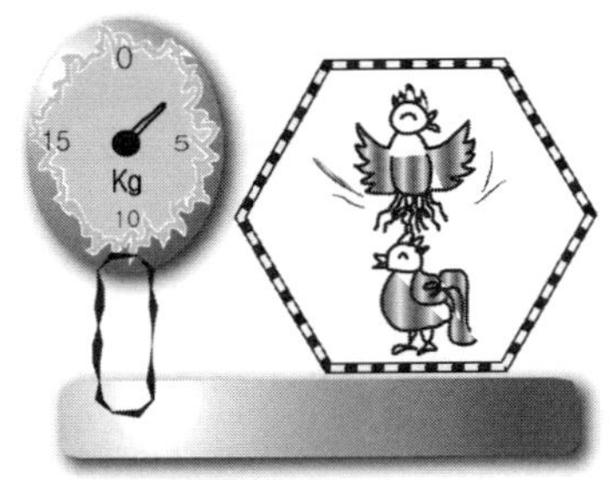

문제풀이과정

난해한 문제입니다. 같은 이치로 "지구에 있는 모든 사람이 동시에 뛴다면 지구의 총 무게는 어떻게 될까요?" 하고 같은 문제로 볼 수 있습니다. 밀폐된 용기 속에서 새가 앉아 있다가 난다면 "저울의 총 중량은 변해야 될까요? 변하지 않아야 될까요?"를 곰곰이 생각해보고 친구들과 그 원리를 토론하여 봅시다. 이런 토론 과정에서 많은 지식을 획득할 수 있을 테니까요.

27 두 저울의 무게는 같을까요?

아르키메데스의 원리는 물체를 물 속에 넣으면 그 물체와 같은 부피의 물의 무게만큼 가벼워진다는 것입니다. 즉 부력의 원리이기도 합니다. 같은 이치로 아래 그림과 같이 똑같은 수조에 똑같은 추를 넣고 한쪽에는 손을 넣었습니다. 두 저울의 무게는 어떻게 변했을까요?

문제풀이과정

흔히 나오는 부력에 관한 문제입니다. 부력이란 뜨려는 힘을 말하며 물 속에 물체를 넣었을 때 물체 부피의 물의 무게만큼 뜨려고 한다는 원리입니다. 그러나 이 문제는 손이 사람에게 달려 있기 때문에 애매해지는 것입니다. 자! 어떻게 될까요? 더 가벼워질까요? 무거워질까요? 여러 방법으로 실험을 하여보고 원리를 규명하여 봅시다. 과학이란 원래 아주 작은 것부터 시작하는 것입니다.

28 받을 수 있을까요?

　아직도 인터넷을 보면 차 위에 사람이 타고 여행을 하는 나라도 있습니다. 기분은 매우 좋으리라는 생각도 해보지만 위험하다는 것은 숨길 수 없는 사실인 것 같습니다. 달리는 차 위에서 사람이 앉아서 사과를 수직으로 위로 던져 보기로 하였습니다. 만약 내가 차위에 타고 가다가 이런 실험을 한다면 어떤 현상이 나타날까요? 사과를 받을 수 있을까요? 없을까요?

문제풀이과정

　물리에 관한 어려운 문제이나 원리만 알면 쉽습니다. 다음과 같은 원리로 생각하여 보세요.

1. 차 위에 서 있는 사람이 돌을 위로 던지는 순간 그 돌에는 어떤 힘이 붙어 있을까요?

2. 공기의 저항을 무시하면 좋은데 공기의 저항이 있다면 돌의 운동은 어떻게 될까요?

29 어떤 다리를 놓으면 좋을까요?

강을 사이에 둔 어느 두 마을이 있었습니다. A동네에서는 평소 배로 B 동네로 왕복하다가 정부의 보조금으로 다리를 놓게 되었습니다. 그러나 A, B 동네는 서로 대각선 방향으로 있어 수직으로 다리를 놓을 수가 없을 뿐만 아니라 산으로도 너무 험하여 도저히 길을 내어 다닐 수가 없습니다. 가장 오래가고, 경제적이고, 효율적이며 능률적인 안전한 다리는 어떻게 놓아야 할까요?

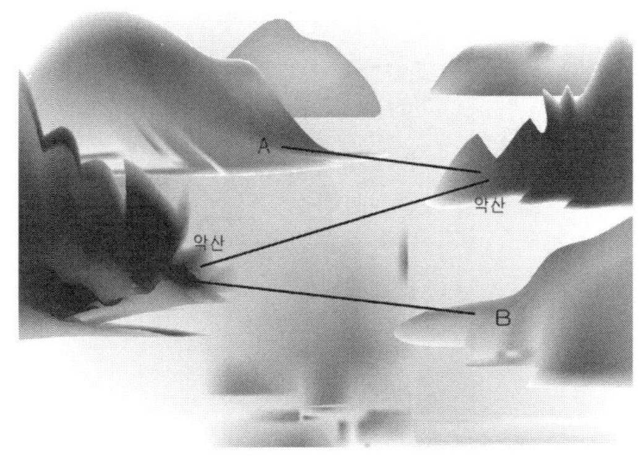

문제풀이과정

여러 가지로 생각해볼 수 있는 고도의 창의적인 문제입니다. 그러나 토목설계에 맞는 합당한 방법을 제시하여야만 합니다. 만약 A 와 B의 동네로 직선으로 길을 낸다면 사선이 되어 오래가지 못하고 무너질 것입니다. 그렇다면 어떤 다리를 놓아야 할까요? 방법은 의외로 간단한 곳에 있습니다.

30 머리카락은 어떻게 풀 수 있을까요?

친구와 놀다가 유난히도 머리카락이 긴 병주가 머리카락을 두 개 뽑아 단단히 묶고는 매듭을 지어 놓았습니다. 그리고는 풀어보라고 하는 것이었습니다. 나는 아무리 풀려고 해도 풀리지 않았습니다. 집에 와서 생각해보니 머리카락의 특성을 이용하지 않고서는 풀리지 않을 것 같았습니다. 머리카락의 어떤 특성을 이용해야 쉽게 풀 수 있을까요?

문제풀이과정

간단한 문제인 것 같지만 과학적인 원리를 이용하지 않고는 쉽게 풀리지 않는 문제입니다. 온도, 습도, 늘어남, 변형 등의 원리들을 이용해야 하며 머리카락은 어떤 성질을 가지고 있는지 조사해야 합니다. 우리가 널리 사용하고 있는 기구 중에는 모발 습도계라는 것이 있습니다. 이 모발 습도계는 어떤 원리를 이용한 것일까요? 같은 이치로 연구하여 보세요.

58

IV. 상상의 나래를 펼쳐야 창의성이 생성된다

어린 학생들의 특징은 처음 보는 사물에 관심이 많아 귀찮을 정도로 질문을 많이 한다는 점이다. 그러나 커가면서 여러 가지 원인으로 인하여 호기심이 줄어들어 질문을 하지 않는 아이로 되기 때문에 어릴 때부터 질문이 많이 하는 아이로 성장할 수 있도록 합리적인 방법을 찾아야 한다. 학교에서도 마찬가지이다. 수업 중에 학생들이 느닷없이 "별은 왜 반짝거려요? TV 속의 고속도로 위에서 차가 달리는 것을 보면 차의 불빛이 길게 늘어지는 이유가 뭐예요?"라는 등의 질문을 자주 하곤 한다. 이런 질문들은 학생들의 상상력이 그만큼 많다는 뜻이다.

이와 같이 상상 속에서의 학생들은 구름을 타고 지구를 달리기도 하며 태양빛을 타고 우주 저 끝까지 날아가 보기도 한다. 이런 상상력들은 창의성을 키우는 데 가장 중요한 요소 중에 하나이기 때문에 성실히 답해 주어야 한다. 일반적으로 창의성은 그냥 놀고 있는 데서 생기는 것이 아니라 자기에게 주어진 문제나 상황에 대해 의문이나 호기심을 가지고 꾸준히 생각할 때 성장되는 것이다. 이런 풍부한 상상의 주제들은 공상으로 끝날 수도 있지만 가끔은 구름 잡는 이야기가 현실이 되듯이 현실로 재현될 충분한 가능성이 있다.

그러면 상상력을 기르기 위해서 어떻게 해야 할까? 주위에 나타나는 모든 일들에 대해 무심코 지나치지 않는 관찰력과 호기심을 가져야 한다. 책을 읽더라도 머릿속에 나타나는 주인공들의 행동을 그림으로 그리며 다음에 나타날 수 있는 장면들을 연출해 볼 수 있어야 한다. 수업시간에 책상 위에 앉아서 연필을 굴리면서 멍하니 허공을 바라보는 학생들은 마음속으로 상상의 나래로 마음껏 여행을 하고 있는 것이다. 그렇기 때

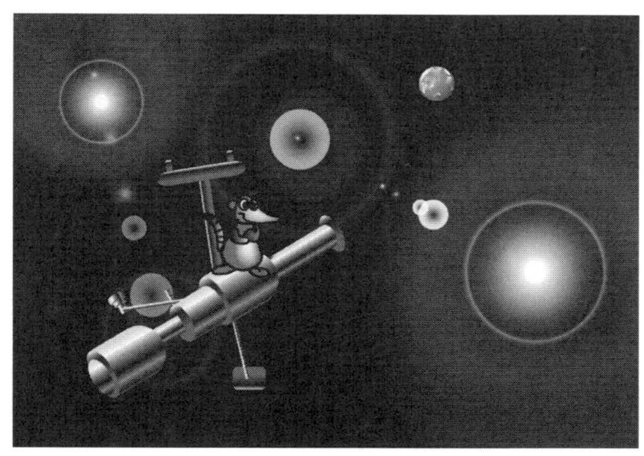

문에 종이 위에 글을 쓰는 것만이 공부라고 생각하여 이를 혼내거나 너무 엄격하게 제한하면 상상의 날개가 날아가 버리므로 여유를 가지고 방관하는 것이 좋다.

어떤 일이나 시작에서부터 많은 방법들이 동원되고 그 다양한 방법들의 생각이 상상의 폭을 결정하게 되므로 많은 생각을 가질 수 있도록 방향을 여러 갈래로 나누어 두도록 해야 한다. 평소 그 결과가 바르지 않더라도 별 문제가 될 것은 없다. 시행착오를 많이 거친 학생일수록 더 신선하고 활발한 사고를 가지기 때문이다. 옛말에 "시작이 좋아야 결과도 좋다"라는 말이 있다. 맞는 말이다. 그러나 "시작이 다양해야 결과도 다양하게 나올 수 있다"는 것도 알아야 한다. 처음의 조그만 상상이 결과적으로는 유명한 과학자를 만들어 내듯이 처음 한 걸음의 상상이 미래의 모든 것을 결정하는 경우가 많기 때문이다. '빨리빨리'를 외치는 곳에는 상상이 들어설 자리가 없다. 학생들의 성적도 빨리빨리 암기만을 하는 학생보다는 주변의 사물을 잘 관찰, 상상하면서 여유 있게 공부하는 학생이 나중에는 더 훌륭한 사람이 되어 있음을 우리 주위에서 종종 볼 수

있기 때문이다. 등산을 할 때 빨리 가는 사람이 멀리 못 가는 이유를 명
심해야 한다. 상상은 마음을 늘 새로 깨어나게 해주며 무한한 활력을 공
급해 줄 수 있음을 잊지 말아야 한다.

31 철과 솜은 어느 것이 더 무거울까요?

지구에서 무게가 60kg인 사람이 달에 가면 무게가 10kg으로 줄어들게 됩니다. 달에서는 공기가 적어 눌리는 힘이 지구의 1/6 밖에 되지 않기 때문이지요. 그렇다면 지구에서 철 1kg과 솜 1kg을 진공 속에 가지고 가서 양팔 저울로 측정한다면 어떤 것이 더 무거워질까요? 토의하여 봅시다.

문제풀이과정

지구가 우리들을 잡아당기는 힘인 중력은 980cm/s²입니다. 달에서는 지구의 1/6만큼 줄어들게 됩니다. 그 이유는 여러 가지 조건이 있지만 행성마다 중력은 모두 달라집니다. 그래서 무게나 조건, 환경 등이 달라지지요. 그러나 지구에서 같은 무게라도 부피가 다르면 어떻게 될까요? 토의하여 봅시다.

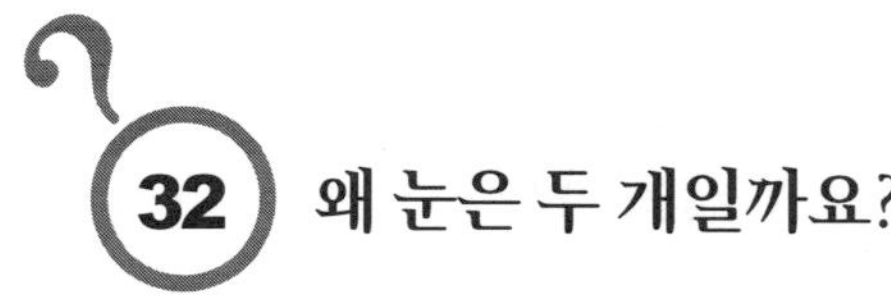

32 왜 눈은 두 개일까요?

어떤 만화에 보면 눈이 하나 달린 동물이 나오기도 하는데 지구상의 동물들을 보면 모두가 눈이 두 개 이상 달려 있습니다. 만화에서처럼 눈이 하나씩 달렸다면 많은 불편함을 느낄 수 있을 것입니다. 예를 들어 우리가 테니스를 하든지 다른 운동을 할 때 한쪽 눈을 막고 한다면 정확하게 공을 칠 수가 없을 것입니다. 그렇다면 눈이 두 개가 있는 이유는 무엇일까요?

문제풀이과정

이런 이야기가 있습니다. 외눈이가 모여 사는 나라에 가면 두 눈을 가진 사람은 불구가 된다는 것입니다. 우리의 몸은 아주 과학적으로 구성되어 있어서 입은 하나고 눈은 둘로 구성되어 있습니다. 이도 원래 그런 것이 아니라 지구에 잘 적응할 수 있도록 과학적으로 구성되어 있습니다. 눈이 두 개인 것의 과학적인 근거와 장점을 알아봅시다. 또 두 눈 사이의 거리가 넓으면 물체는 어떻게 보일까요? 신문지를 말아서 실험하여 봅시다.

33 몇 cc 일까요?

300cc까지 들어갈 수 있는 우유병에 눈금이 밑에서부터 위로 200cc까지 매겨져 있습니다. 그러나 우유병 속에는 몇 cc인지는 모르나 200cc보다는 많은 우유가 들어 있습니다. 이 우유의 양을 정확하게 알고 싶습니다. 어떻게 하면 알 수 있을까요?

문제풀이과정

매우 어려운 문제인 것 같습니다. 하여튼 우유병에 들어갈 수 있는 전체의 양은 300cc입니다. 그러나 눈금이 200cc까지밖에 매겨져 있지 않기 때문에 우유의 양을 알 수 없습니다. 그러면 어떻게 알 수 있을까요? 우유병을 거꾸로 들어보고 난 후 가감산을 하면 어떨까요? 고민을 많이 해봐야 두뇌가 개발됩니다. 고민해 보세요.

34 어떤 것이 날계란일까요?

날계란과 삶은 계란을 구별하는 방법은 여러 가지가 있습니다. 그 한 가지 방법으로는 계란을 소금물에 넣어 보면 날계란은 뜨게 됩니다. 또 다른 한 가지 방법으로 아래 그림과 같이 날계란을 삶은 계란과 실로 묶어 매달아 놓고 돌려보면 한쪽 계란은 더 많이 돌게 됩니다. 왜 한쪽이 더 많이 돌게 될까요? 그러면 어느 쪽이 날계란일까요?

문제풀이과정

과학적인 원리를 실생활에 접목시킬 수 있는 문제인 것 같습니다. 먼저 날계란과 삶은 계란의 내용물의 움직임을 알아내야 합니다. 과학에 관성의 법칙이라는 것이 있습니다. 이 원리를 접목시켜 고민을 해봐야 합니다. 물론 구별하는 방법은 여러 가지가 있겠지만 그 중 한 방법으로 실에 묶어 놓고 돌려보면 회전 속도에서 차이가 남을 발견할 수 있을 것입니다. 어떤 계란이 많이 회전할까요?

35 물로 종이를 태울 수 있을까요?

매우 화창한 날 병주는 등산을 갔습니다. 높은 산에 올라가니 배가 무척 고팠습니다. 배낭을 이리저리 찾아보니 라면은 있는데 라이터가 없어 불을 붙일 수가 없었습니다. 주위를 아무리 찾아보아도 물, 투명 비닐, PET병, 끈 뿐이었습니다. 병주는 이 기구들을 이용하여 불을 붙여 라면을 끓여 먹을 수 있었습니다. 어떻게 라면을 끓일 수 있을까요?

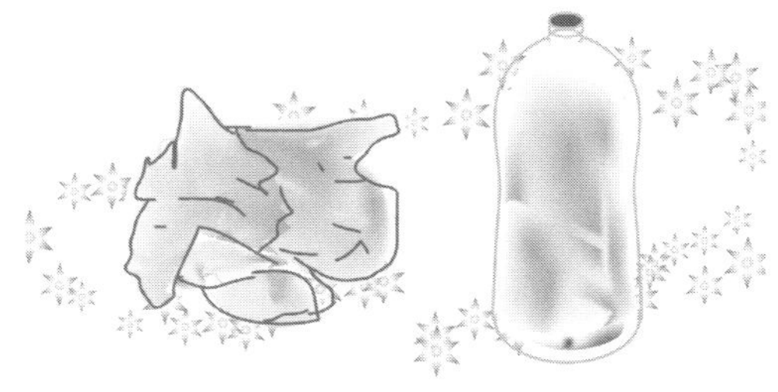

문제풀이과정

항상 어려운 과정에서 기지를 발휘하는 것이 참 창조입니다. 그래서 발명을 불편한 것을 개선하는 일이라고도 합니다. 이 문제는 자연에 있는 태양을 이용하는 것이 가장 좋은 방법입니다. 그렇다면 어떻게 하면 빛을 한곳으로 집중적으로 모아 줄 수 있을까요? 각자 다른 방법을 고안하여 봅시다.

36 어떤 발명품을 찾아낼 수 있을까요?

요사이 나날이 새로운 발명품들이 속속 탄생하고 있습니다. 채소는 유기농으로 개발하여 주부들의 사랑을 받고 있으며, 또 요사이는 무공해 곡물이 각광을 받고 있습니다. 세탁기, 자전거, 선풍기는 어떻게 하면 더 편리하게 될까요? 2가지 이상 적어 봅시다.

- 야채 — 유기농
- 냉장고 — 양쪽으로 열 수 있는 냉장고
- 곡식 — 무공해
- 건강식품 — 자연식품을 이용

- 세탁기 —
- 자전거 —
- 선풍기 —

37 어떻게 가장 빨리 계산할 수 있을까요?

병주는 창문에 가장 알맞은 도형을 붙여 모양을 내고 싶습니다. 그래서 다음과 같이 정사각형으로 문살모양을 만들었습니다. 그러나 검은 부분의 면적을 계산해야 나머지 면적을 알 수가 있습니다. 1시간 내에 전체작업을 마쳐야 하기 때문에 가장 빠른 방법으로 4개의 검은 부분의 면적을 계산해야 합니다. 어떻게 가장 빨리 계산할 수 있을까요?

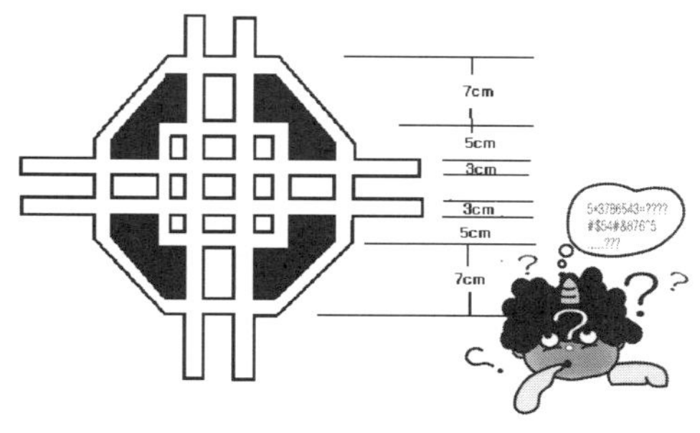

문제풀이과정

이 문제는 답보다 어떤 과정을 거쳐서 풀 수 있는지를 보는 문제입니다. 모든 복잡한 문제는 될 수 있는 대로 단순하게 변형하여 하나하나의 과정대로 추리하여 해결하는 것이 순서입니다. 이 문제도 간단한 다각형을 만들어 가감을 한다면 빠른 시간에 해결할 수 있을 것입니다.

다음의 상호는 어떤 의미를 가지고 있을까요?

상호는 상점의 얼굴입니다. 그래서 이름을 남이 잘 기억할 수 있게 지어야 사업도 번창합니다. 그 다음은 상호에 따른 선전 문구가 매우 중요합니다. 아래에 나와 있는 각 지역의 선전 문구에서 어떤 모순점이 있는지 토의하여 봅시다.

선 전 문 구	모 순 점
늘 푸른 동산의 늘보	
붕어빵 속의 붕어	
신발보다 더 싼 타이어	
광어 1마리에 9900원	
누드 탕	

39 빨대를 중앙에 세워 보세요

컵에 빨대를 놓으면 무게중심에 의하여 옆으로 기울어집니다. 이 빨대를 손을 대지 않고 과학적인 원리를 이용하여 바로 세우고 싶습니다. 어떻게 하면 될까요? 또 실로폰 위에 구슬을 올려놓고 소리를 이용하여 떨어뜨리고 싶습니다. 어떤 원리를 이용하면 될까요?

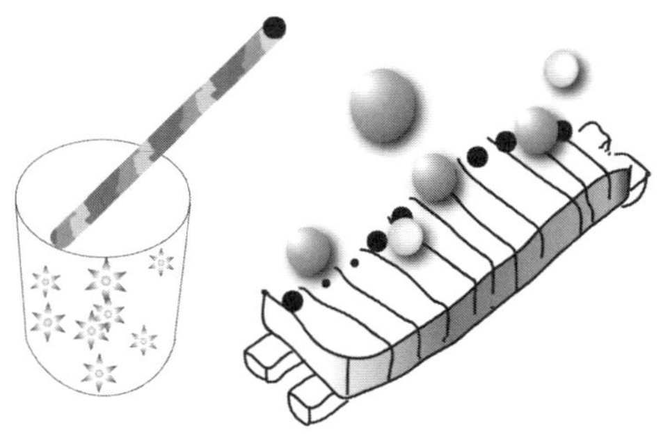

문제풀이과정

　과학적으로는 같은 진동수를 주면 다리, 건물까지도 간단하게 파괴할 수 있습니다. 이런 원리를 이용하면 다른 재미난 장난감까지 제작할 수도 있습니다. 마찬가지로 유리컵의 진동수를 알아내어 같은 진동수를 유리컵에 준다면 어떻게 될까요? 그러면 유리컵의 진동수는 간단하게 어떻게 알아낼 수 있을까요? 과학 전문가에게 자문을 구하여 진동수의 내용도 알아봅시다.

40 어떤 병이 뜰까요?

병주는 방과 후에 과학실에서 다음과 같은 실험을 해보았습니다. 큰 수조에 50℃ 정도의 물을 절반 정도 채운 후 빈 요구르트 병 2개에 한 개는 찬물을 또다른 한 개에는 뜨거운 물을 가득 넣은 후 은박지로 주둥이를 막고 큰 그릇 속에 넣어 보았습니다. 그랬더니 한 개는 물에 뜨는 것이었습니다. 어떤 요구르트 병이 물 위에 떠올랐을까요?

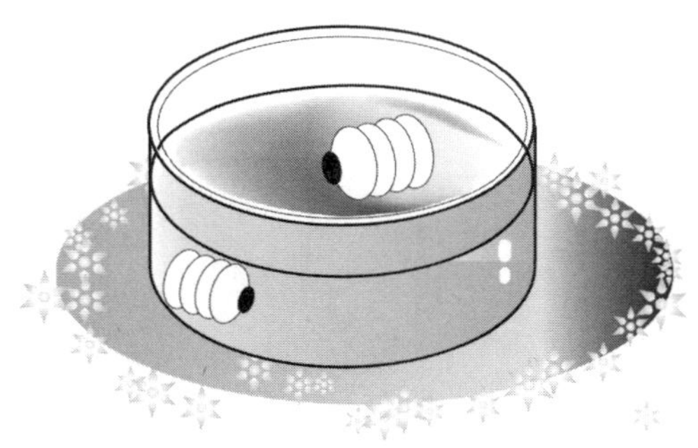

문제풀이과정

밀도에 관한 문제입니다. 모든 밀도는 온도와 관계가 있습니다. 공기도 온도가 높아지면 팽창하기 때문에 가벼워져 위로 올라가게 되고 낮아지면 수축하여 무거워지기 때문에 가라앉는 원리입니다. 공식으로 이야기하면 '밀도 = 질량/부피' 이므로 질량이 일정하면 부피가 커질수록 밀도가 작아져 뜨게 되지요.

V. 모든 일에 과학, 수학적인 원리를 적용하라

과학 수업은 원리를 규명하는 작업이기 때문에 실험실습을 위주로 하는 학문이다. 그래서 실험실에서 조별로 분단학습을 많이 하는 관계로 팀워크가 매우 중요하며 리더의 행동에 따라서 실험의 결과가 다르게 나오기도 한다. 그래서 자율적으로 실험을 시켜놓고 분단별로 살펴보면 실험과정이나 결과가 아주 다양하게 다름을 알 수 있다.

그 부류를 대략 세 가지로 요약하여 보면 책에 나온 순서대로 원칙적으로 하는 분단과 원칙에 입각하여 색다른 방법을 모색하는 분단과 장난으로 일관하는 분단으로 대별되며 또한 분단별 질문내용도 매우 다르게 나타난다.

그 원인을 조사하여 보면 구성원의 리더가 누구냐에 따라서 많이 달라짐을 알 수 있다. 그만큼 리더가 중요함을 의미한다. 따라서 리더를 창의적인 학생으로 선택하였을 때 분단별 학생들의 질문방법이나 학습내용도 창의적으로 바뀐다는 사실은 리더를 어떻게 선택해야 하는가를 깊이 생각하게 한다.

창의적인 리더는 현재의 경험을 답습하는 경험 확인 교육을 탈피하여 한 단계 더 생각하여 새로운 것을 만들어내고 창조할 수 있는 능력을 가지고 있어야 한다. 이러한 리더가 분단을 이끌어 갈 때 학생들도 단순한 경험 확인 교육이 아니라 경험을 바탕으로 새로운 것을 만들어 내는 창조력을 가진 도전적이고 창의적인 학생으로 발전하게 된다.

그러나 리더가 소극적이고 자기주장이 강한 학생이 선택되었을 때는 정반대로 나타나는 경우가 많다. 본래의 실험과정에서 한 치의 오차도 벗어나지 못하고 틀 안에서 맴돌게 되며 스스로의 한계에 얽매여 주어진 정답만을 찾아가는 과정으로 일관하게 된다. 이러한 리더를 가진 팀은 전체 구성원들에게 형식적인 실험과정만을 거치게 할 뿐 새로운 의문점을 제시하지 못하기 때문에 새로운 탐구에 대한 호기심을 가지지 못한다.

한 예로 시골의 여름밤에 흔히 나타나는 일이 있다. 호기심이 많은 병주는 그 날도 친구들과 마루에 둘러앉아 별을 보면서 오손도손 서로의 생각들을 이야기하고 있었다. 참 정겨운 분위기 속에서 이야기를 나누다 보면 여름의 모기, 나방, 하루살이들이 날아들어 시야를 괴롭히며 정취를 깬다. 병주는 모기약으로 곤충들을 쫓아내다가 문득 "하루살이는 과연 하루만 살까?"라는 의문을 가지고 친구들과 토론을 벌이게 되었다. 참으로 기가 막힌 연구주제를 얻은 것이다.

이후 병주는 친구들과 밤낮을 가리지 않고 체계적으로 연구하여 하루살이들은 하루만 살지 않는다는 것을 증명한 것이다. 이 연구과정을 살펴보면 먼저 모든 사물을 유심히 보는 눈이 우선이며 그 관찰결과에 따른 모순점과 해결책을 찾는 과정에서 창조적인 사고력을 키워짐을 알 수 있다. 이 과정에서 수학적인 계산과 과학적인 원리가 필요한 것이다.

과학과 수학은 자연에 존재하는 모든 요소를 이해하고 활용하는 원리

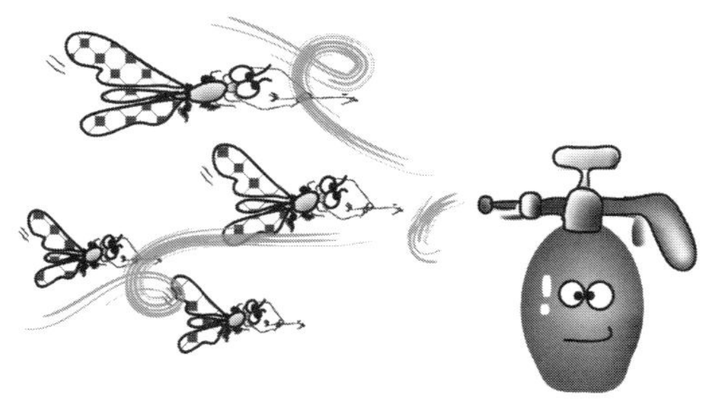

이다. 이런 기본적인 원리들이 사고력과 합쳐질 때 과학적인 새로운 해결 방법들이 창출되며 사물의 이치를 쉽고 재미있게 연구할 수 있게 된다.

이와 같이 이 세상의 모든 일들이 똑같은 방법으로 하더라도 누구는 성공하고 실패하는 원인은 과학적 원리와 수학적 계산이 얼마만큼 적용되었느냐 하는 것이며 이런 원리들이 체계적으로 적용되어야 좀더 간단하고 효율적인 방법으로 해결할 수 있어 실패율을 줄일 수 있다. 그래서 요사이 각국에서는 자연에서 획득한 지식들을 산업에 이용하여 새로운 지식 강국을 만들기 위한 치열한 경쟁을 벌이고 있는 것이다.

41 시험관이 손가락에 붙게 할 수 있을까요?

병주는 기화현상을 실험하기 위하여 시험관에 물 $5ml$ 를 넣고 물과 섞이지 않도록 스포이드로 조심스럽게 알코올 $5ml$ 를 넣었습니다. 이렇게 2층을 만든 후 시험관의 주둥이를 손가락으로 막고 좌우로 흔들어 잘 섞어 놓았습니다. 그런데 막은 손가락을 떼려고 하니까 떨어지지 않는 것이었습니다. 손가락에 어떤 현상이 일어나서 떨어지지 않았을까요? 또 섞은 후의 전체 부피는 어떻게 변했을까요?

문제풀이과정

물과 알코올은 잘 섞이며 먹는 알코올(에틸 알코올)을 물에 섞은 것을 소주라고 하지요. 물 $5ml$ 와 알코올 $5ml$ 를 섞으면 전체 부피는 $10ml$ 인 것 같으나 그렇지 않습니다. 물 분자 속으로 알코올이 들어가 전체 부피는 $10ml$ 보다 조금 적은 양이 됩니다. 처음에는 $10ml$ 이던 것이 양이 조금 줄어드니까 줄어든 양만큼 공기를 잡아당기게 되어 시험관 속의 압력은 줄어들게 됩니다. 그러므로 압력이 줄어든 만큼 공기가 들어가야 되나 주둥이가 손으로 막혀 있어 손가락이 시험관 속으로 빨려 들어가게 됩니다.

42 규칙성을 찾아봅시다

그림은 2006년 3월의 달력입니다. 달력을 여러 가지 각도로 숫자를 보면 일정한 규칙성이 있음을 알 수 있습니다. 어떤 규칙성을 찾아낼 수 있을까요? 그 규칙성을 5가지 찾아봅시다.

- 첫째 규칙성 :

- 둘째 규칙성 :

- 셋째 규칙성 :

- 넷째 규칙성 :

- 다섯째 규칙성 :

문제풀이과정

난해한 문제일수록 정리하여 재배열시켜야 풀이가 쉽게 됩니다. 그런 기초문제로서 달력의 규칙성을 찾아보는 문제입니다. 어떤 규칙성이 있을까요? 5가지 이상 찾아보세요.

78

43 어떻게 통과시킬 수 있을까요?

집에 보니 양철로 된 판자에 500원짜리 동전의 크기보다 약간 작은 구멍이 뚫려 있습니다. 이 양철 판을 자르지 않고 구멍으로 동전을 통과시키고 싶습니다. 어떻게 하면 500원짜리 동전을 통과시킬 수 있을까요? 과학적인 원리를 총 동원하여 연구하여 봅시다.

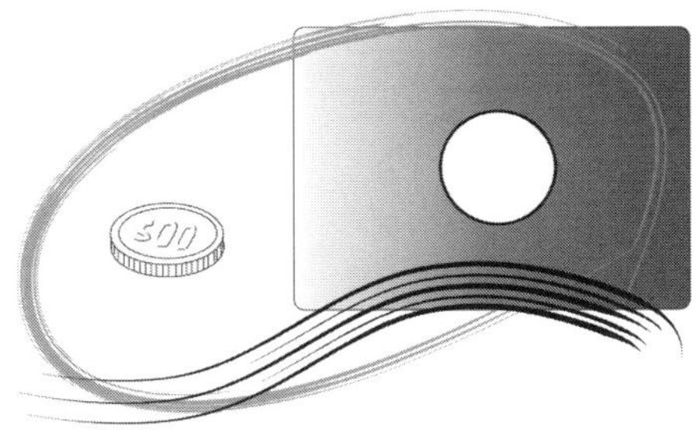

문제풀이과정

난센스 문제 같지만 과학적인 원리가 숨어 있는 문제입니다. 어떻게 하면 동전이 통과할 수 있는 틈을 만드느냐 하는 것입니다. 고무줄 같으면 늘리면 되겠지만 늘어나지가 않습니다. 문제는 온도에 관계가 있다는 것입니다. 온도와 부피는 어떤 관계에 있을까요?

44 물을 부으면 어떻게 될까요?

그림과 같이 만든 이상한 컵이 있습니다. 이 빨대는 컵의 밑 부분이 밖으로 통해져 있기 때문에 이 기구에는 상당한 과학적인 원리가 숨어 있습니다. 컵 속에 물을 부으면 어떻게 될까요? 또 이 컵을 어디에 응용하여 편리하게 사용할 수 있는지 토의하여 봅시다.

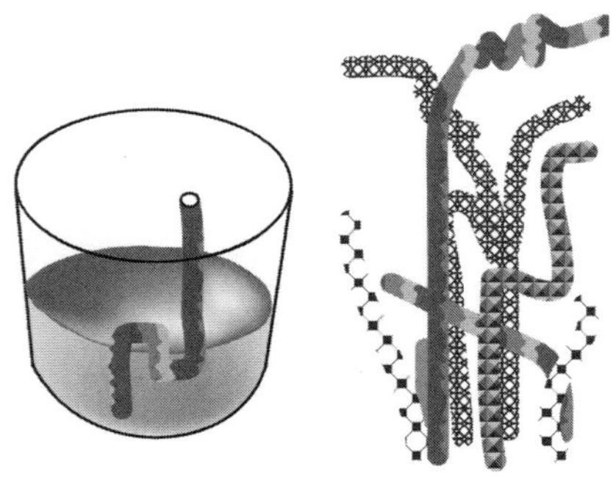

문제풀이과정

이 기구는 공기의 중력과 수압과의 관계가 있는 문제입니다. 이와 유사한 문제로 병 속에 위치가 다르게 여러 개의 굵은 이쑤시개를 꽂아놓습니다. 그 후 병 안에 물을 부은 후 하나씩 빼보면 중력과 수압에 의하여 재미있는 현상이 나타나게 됩니다. 같은 원리는 아니지만 이 원리는 우리 조상들이 아주 유용하게 사용했던 것입니다. 실험해 봅시다. 어디에 사용하면 좋을까요?

80

45　어떻게 나눌 수 있을까요?

　병주는 가을에 학교 운동장을 돌아다니면서 여러 가지 종류의 낙엽을 주워 모았습니다. 이 나뭇잎들을 책상 위에 펴놓고는 여러 가지 형태로 분류해 보고 싶은 생각이 들었습니다. 어떤 특징으로 분리해 보면 좋을까요? 이 잎들을 특징에 따라 5가지로 나누어 봅시다.

문제풀이과정

　어떤 기구들을 정리한다는 것은 매우 중요한 일이며 비슷한 성질끼리 분류를 하는 방법은 매우 다양합니다. 일반적으로는 색으로 분류하는 방법도 있고 모양으로 분류하는 방법이 있겠으나 학생에 따라서는 다르게 분류하는 방법도 찾을 수 있습니다. 위 낙엽을 다른 방법으로 분류하려면 어떤 방법이 있을 수 있을까요? 토의하여 봅시다.

46 어떻게 한 번에 정확하게 따를 수 있을까요?

옆면으로 눈금이 있는 0.5*l* 들이 농약병이 있습니다. 이 농약은 물 1,000*l*에 농약 0.2*l*를 섞어서 나무에 살포해야만 합니다. 그러나 메스실린더가 없어서 한 번에 0.2*l*를 정확하게 섞을 수 없습니다. 이 병 하나만을 가지고 정확하게 0.2*l*를 따르는 방법을 없을까요? 발명적으로 고안하여 봅시다.

문제풀이과정

발명품에 관한 문제입니다. 일반적으로 일정한 양을 들어내려고 한다면 피펫이나 메스실린더가 있어야 합니다. 그러나 논이나 밭에 가서는 이런 기구들이 없을 수도 있습니다. 병에 눈금을 바로 정확하게 따를 수 있도록 긋는다면 아주 쉬워질 것입니다. 눈금을 어떻게 그으면 될까요?

47 어떻게 측정할 수 있을까요?

1l짜리 사각통이 있습니다. 이 통 안에는 기름이 가득 있습니다. 이 통만을 이용하여 기름의 3/4을 정확하게 덜어내고 싶습니다. 어떤 방법이 있을까요?

문제풀이과정

1l의 반을 덜어내는 일은 간단하지만 3/4을 들어내는 것은 보기에 따라서는 매우 어려운 일같이 느껴집니다. 그러나 통이 사각형이기 때문에 방법은 있을 수 있습니다. 통을 기울여보고 생각한다면 의외로 쉽게 풀릴 수 있을 것입니다. 이와 같이 모든 문제는 다양한 각도로 보고 풀어야 쉽게 답을 찾을 수 있습니다.

어떻게 정사각형을 만들 수 있을까요?

병주는 막대놀이를 하다가 친구에게 막대를 가지고 이상한 문제를 내었습니다. 병주가 가지고 있는 막대는 길이가 같은 4cm의 작은 막대 4개와 8cm의 긴 막대 5개였습니다. 이 막대를 모두 사용하여 같은 크기의 정사각형 4개를 만들어 보려고 합니다. 그러나 병주는 아무리 생각해도 만들 수가 없습니다. 어떻게 만들 수 있을까요?

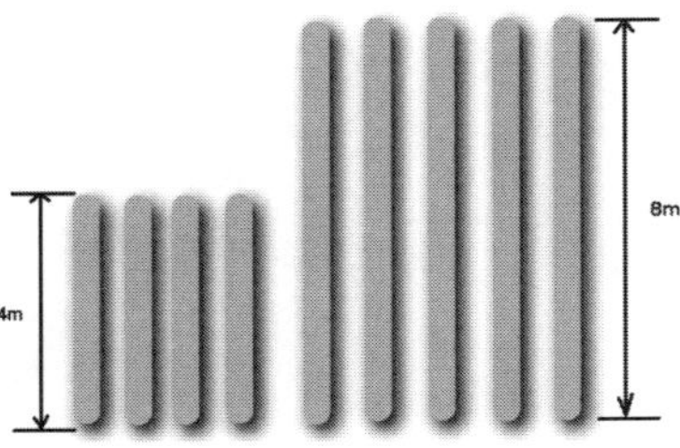

문제풀이과정

지금 가지고 있는 막대는 길이가 같은 4cm의 작은 막대 4개와 8cm의 긴 막대 5개입니다. 이 막대를 모두 사용하여 같은 크기의 정사각형 4개 만드는 것입니다. 그러나 말을 잘 살펴보면 모순점을 발견할 수 있을 것입니다. 어떤 모순점이 있을까요? 이 모순점만 찾아내면 아주 쉬워집니다.

 **49** 어떻게 정삼각형을 만들 수 있을까요?

병주는 철수와 점심 때 컵라면을 먹고 난 후 남은 젓가락으로 묘한 문제를 내었습니다. 젓가락에 자를 대어 8cm, 4cm, 2cm로 3개를 자른 후 "이 젓가락으로 정삼각형을 만들어 보자"라고 하였습니다. 병주와 철수는 젓가락을 놓고 이리 저리 맞추어 보았지만 정삼각형은 만들 수가 없었습니다. 그러나 병주는 만들 수 있다고 하는 것입니다. 이 3개의 막대기를 사용하여 정삼각형을 만들려면 어떻게 하면 좋을까요?

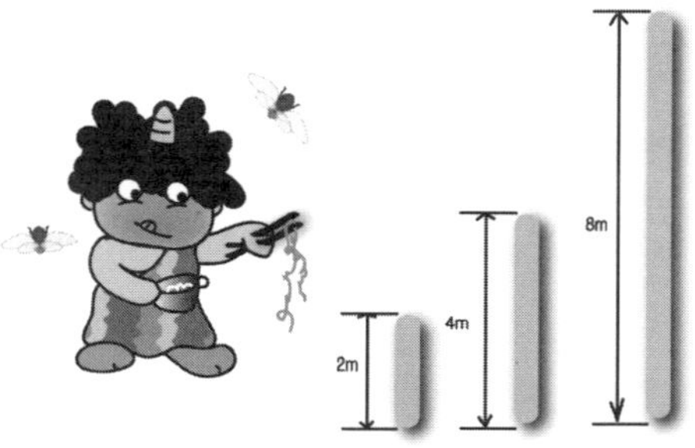

문제풀이과정

고정관념에 관한 문제입니다. 젓가락 8cm, 4cm, 2cm 3개로 정삼각형을 만든다는 것은 수학적으로는 불가능한 일입니다. 그러나 정삼각형만 만들면 됩니다. 방법 중의 하나로 안 보이게 할 수도 있으며 3개를 다 사용해서도 만들 수가 있습니다. 난센스 문제입니다.

50 어떻게 이으면 될까요?

길이가 3m 되는 장난감 차용 레일이 있습니다. 장난감 차가 레일의 앞쪽을 지나 뒤쪽으로 돌아가는 일 없이 또 앞쪽으로 연속으로 계속 달리게 하고 싶습니다. 어떻게 A와 B를 연결하면 좋을까요?

문제풀이과정

바로 붙이면 앞면으로만 달리게 되지요. 앞뒤로 연결해서 계속 달리게 하고 싶다면 레일의 위치를 바꾸어 주어야 합니다. 놀이터에 가면 혹 있을지도 모르지만 종이로 레일을 만들어 실험해 보는 것이 가장 좋은 방법일 것입니다.

VI. 문제해결과정에 중점을 두어야 사고력이 확산된다

응용력이란 자기가 알고 있는 원리나 지식·기술 등을 다른 일에 잘 활용할 수 있는 능력을 말한다. 다시 말하면 단편적인 하나하나의 기본적인 지식을 획득하여 자기화시킨 후에 어떤 어려운 문제에 부딪치면 그 각각의 지식을 이용하여 문제를 해결할 수 있는 지혜라 할 수 있다. 이 지혜는 불가사의한 것이라서 도저히 풀 수 없는 아주 어려운 조건에서도 헤쳐 나올 수 있는 힘을 가지고 있다. 가령 망치로 못을 치는 기술, 나무를 자르는 기술, 대패질하는 기술 등은 배우면 누구든지 할 수 있는 기본적인 기술로서 비교적 간단하다.

그러나 이런 기술들을 조합하여 우리 가족에 맞는 통나무집을 지으려면 설계부터 시작하여 하중과 무게중심 등 많은 요소가 가미되기 때문에 기본적인 기술만으로는 불가능하다. 이런 일들은 정형적인 틀을 벗어나서 각각의 기술들을 조합·변형할 수 있는 창조적인 생각을 가져야 가능하다. 그래야만이 참신하고 튼튼한 집을 잘 지을 수 있으며 이런 지혜를 가진 응용력이 높은 목수를 도목수라 한다. 공부도 이와 마찬가지로 같은 시간의 노력을 한다고 해도 개인적으로 차이가 나는 것은 이런 응용력의 차이인 것이다.

응용력은 그 문제의 원리를 완전히 터득하였을 때 변형되어 나올 수 있기 때문에 공식보다는 기본 개념을 확실하게 파악하고 있어야 한다. 예를 들면 "지구와 달의 만유인력은 어떻게 계산할 수 있을까요? 또 지구의 반지름이 지금의 2배가 되면 중력의 크기는 몇 배로 되겠습니까?(지구의 밀도는 동일)"라고 학생들에게 정량적인 문제를 주면 이 힘은 우리가 실제로 느낄 수 없는 힘이므로 매우 힘들어 한다.

　그래서 학생들은 만유인력 법칙의 공식 F ∝ mM/R²을 외워놓고 공식만으로 문제를 해결하려고 노력을 하며 그 공식 속에 숫자를 대입하는 방법에 매우 익숙하여 짧은 시간에 정답을 구해낸다. 물론 틀린 것은 아니다. 그러나 이런 방식에 익숙하다보면 조금만 변형된 문제가 나와도 풀기가 매우 어렵다. 여기서 우리는 자연과학 원리의 가장 근본인 만유인력법칙을 원리로 이해하지 못하고 정답만으로 실력을 측정하는 데 문제가 있음을 발견해야 한다.

　만약 한 학생이 지구와 달을 그려놓고 그 원리를 열심히 분석하여 문제를 풀다가 계산과정에서 약간의 잘못으로 오답이 나왔다면 전체가 다 틀렸다고 생각할 수 있을 것인가를 깊이 생각해 볼 필요가 있다. 우리가 어떤 일을 하다가 보면 그 과정에서 가끔 잘못될 때도 있다. 그러면 그 결과를 지켜보면서 다르게 나왔을 때에는 옳은 방향으로 다시 수정시켜 주는 것이 교육에서는 매우 중요하다. 그러나 지금 우리의 교육현실은 정답보다도 그 과정이 더 중시되어야 함에도 불구하고 정답만을 가지고 평가하고 있는 것이 사실이다.

　특히 21세기 지식재산시대에서는 정답은 아니더라도 자기 나름대로의 여러 가지 과정에 충실한 학생과 창의성과 폭넓은 사고력을 가진 학생을 요구하고 있으므로 이런 방법은 지양되어야 한다. 세계를 이끌어갈 우리의 주역들인 학생들은 미래의 인생과정을 공부하고 있으므로 좀더 느긋이 지켜보면서 문제해결과정을 중시하는 것이 더 미래지향적임을 알아야 한다. 또한 우리의 교사들도 창의성과 폭넓은 사고력 증진에 중점을 두어 지도할 수 있는 교사만이 21세기의 가장 큰 스승임을 잊지 말자.

51 극은 어떻게 찾아낼 수 있을까요?

병주는 자석을 이용하여 발명품을 만들기로 하였습니다. 집에 찾아보니 사물함에서 오래된 자석이 나왔습니다. 그런데 N극과 S극을 쓴 종이가 떨어져나가고 없습니다. 어느 극이 N극인지 알아내어야만 사용할 수가 있습니다. 어떻게 찾아낼 수 있을까요? 토의하여 봅시다.

문제풀이과정

과학의 가장 기초적인 문제입니다. 그러나 학생들은 어려워하고 있지요. 지구는 남극과 북극의 자석으로 구성되어 있습니다. 그렇다면 북쪽으로는 S극이 붙겠지요. 그러나 어떻게 향하게 할 수 있을까요? 부모님과 함께 자석에 대해 연구하여 봅시다.

52 어떻게 셀 수 있었을까요?

병주는 공부보다는 친구들과 노는 것이 더 좋아서 부모님만 없으면 친구들과 PC방에 가서 하루종일 컴퓨터를 합니다. 그래서 아버지가 매일 감독을 하는데 그 날은 먼 곳에 가야 할 일이 생겼습니다. 아버지는 또 밖에 나가서 친구들과 어울릴까봐 걱정입니다. 그래서 쌀 한 통을 주고 그 속에 있는 쌀을 다 세어 놓으라고 하였습니다. 이 쌀을 다 세려면 하루가 더 걸리기 때문입니다. 그러나 아버지가 나가자마자 5분 만에 다 세어 놓고 놀러가 버렸습니다. 어떻게 세었을까요?

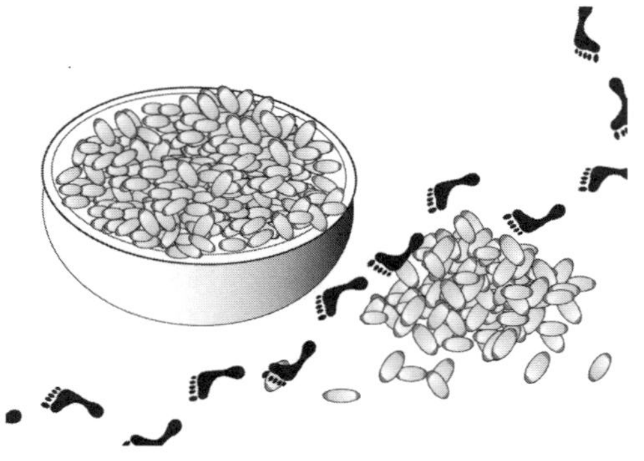

문제풀이과정

창의력에 관한 문제입니다. 하나하나 세려면 하루가 더 걸리겠지요. 만약 세지도 않고 325,876개라고 한다면 다 세어봐야 확인이 되기 때문에 어려울 수밖에 없습니다. 자! 이런 문제는 뭉텅이로 계산되어야 합니다. 숟가락을 가지고 어떻게 빨리 셀 수 있을까요?

53 짚은 어디로 갔을까요?

동네 산밑의 바위가 있는 큰 나무 밑에 길이 2m의 튼튼한 밧줄로 소를 단단히 묶어 놓았습니다. 소의 주인은 먹이를 주려고 짚을 잘게 썰어서 3m 떨어진 곳에 먼저 갖다 놓고 콩과 같이 섞어 먹이려고 콩을 가지고 왔습니다. 그런데 이상하게도 짚이 다 없어져 버렸습니다. 어떻게 되었을까요?

문제풀이과정

이 문제는 내용을 잘 살펴 보아야 합니다. 나무 밑에 소와 바위가 있습니다. 그런데 문제에는 큰 나무 밑에 길이 2m의 튼튼한 밧줄로 소를 단단히 묶어 놓았다고 하였습니다. 여기에 함정이 있는 것입니다. 어떤 함정이 숨어 있을까요?

54 어떻게 자르면 좋을까요?

바닷가에서 해가 뜨고 있는 모습을 보면 쟁반이 해를 받치고 올라오는 것같이 보입니다. 왜 그럴까요? 그 이유를 알아봅시다. 그림은 어느 맑은 날 아침 해가 뜨고 있는 모습입니다. 이 그림에서 해의 밑부분(쟁반)을 3직선을 이어서 6토막으로 자르고자 합니다. 어떻게 잘라야 할까요?

문제풀이과정

대체로 쉬운 문제이나 쟁반 안에서 이으면 절대 6조각이 나지 않습니다. 선이 밖으로 튀어나와야만 6조각을 낼 수 있으며 평면으로만 생각하지 말고 입체적으로도 생각할 수 있어야 합니다. 같은 이치로 어떤 어려운 문제에 부딪쳤을 때에는 그 문제의 범주 안에서만 맴돌기보다는 문제의 외면을 넓게 보면 오히려 쉽게 풀릴 수가 있습니다.

55 왜 딸기가 없었을까요?

　어느 봄날에 병주는 나른하여 자고 있는데 꿈에 거울을 보고 있었습니다. 거울 속 뒷산으로 가는 길에는 아주 넓은 평원이 나타나 있고 저멀리에는 숲이 우거져 있었습니다. 산으로 가고 싶어서 한참을 가다보니까 두 갈래 길이 나왔습니다. 왼쪽 길로 갈까 오른쪽 길로 갈까 망설이다가 오른쪽 길로 가기로 하였습니다. 가보니까 산에는 산딸기가 매우 많아 한아름 따 가지고 왔습니다. 매우 기분이 좋은 상태로 깨어나서 내일 꿈에 본 길로 가보기로 하였습니다. 가다가 보니까 두 갈래 길이 나타났고 오른쪽 길을 향하여 갔습니다. 그러나 꿈에 본 그 딸기는 구할 수가 없었습니다. 왜 없었을까요?

문제풀이과정

　거울에 나타나는 상에 관한 문제입니다. 문제는 거울에 나타난 상이 어떤 방향으로 보이느냐 하는 것입니다. 상의 작도는 매우 어려운 것입니다. 평면경의 경우는 작도가 비교적 쉬우나 오목, 볼록 거울의 경우는 작도가 매우 어렵습니다. 거울의 상을 한번 작도하여 보세요.

56 어떻게 아래 모양으로 나타낼 수 있을까요?

병주는 친구 3명과 학교운동장에서 축구를 하고 있었습니다. 축구가 끝난 후 골대의 옆에 밧줄이 늘어져 있는 것을 보았습니다. 그래서 밧줄의 길이를 재어보니까 14m였습니다. 병주는 이 밧줄을 끊지 않고 한 줄로 이어서 4자 모양을 만들려고 합니다. 어떻게 아래 모양을 나타낼 수 있을까요?

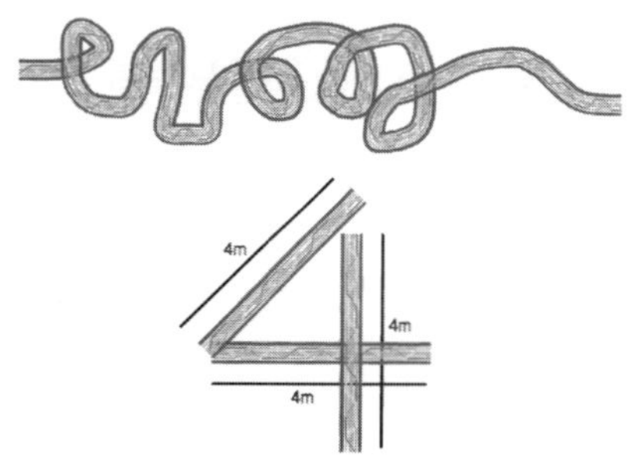

이어진 8자나 9의 경우는 바로 이으면 되겠지만 끊어진 숫자의 경우는 매우 어렵게 되지요. 한 번에 이어서 4의 숫자를 만들기는 매우 어렵습니다. 그런데 줄의 길이가 14m이고 숫자의 길이는 12m이군요. 이제 이해가 갑니까? 무엇이든지 자세히 관찰, 분석하는 습관을 가져야 됩니다.

57 어떻게 넣을 수 있을까요?

큰 통에 기름을 15*l* 넣어야 하는데 집에 있는 통을 찾아보니 7*l* 통과 11*l* 통밖에 없었습니다. 이 두 통을 이용하여 15*l* 를 만들고 싶습니다. 어떻게 하면 15*l* 를 만들 수 있을까요?

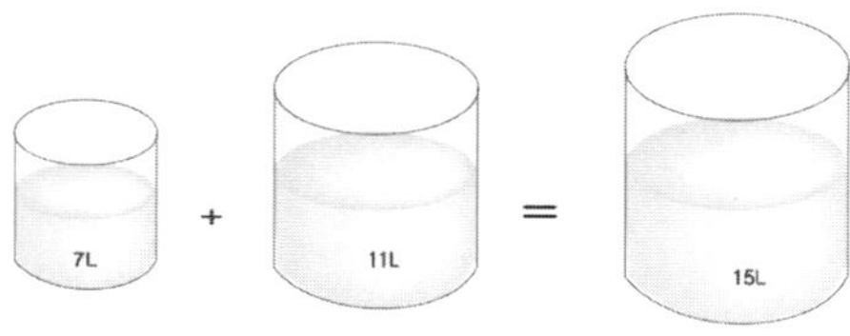

문제풀이과정

방법상의 문제인 것 같습니다. 7*l* 통과 11*l* 의 통밖에 없으니까 15*l* 를 넣는 것은 불가능하다고 생각할지 모르겠지만 11*l* 에서 7*l* 를 빼면 4*l* 가 나옵니다. 이제 해결되겠습니까? 모든 문제는 같은 길을 가더라도 방법에서 큰 차이를 보이는 경우가 있습니다. 여러 가지 방법을 연구하여 봅시다.

58 다음에 들어갈 숫자는 얼마일까요?

아래의 그림은 일정한 순서대로 하나씩 점을 빼가는 과정입니다. 그 밑에 있는 숫자도 일정한 규칙에 따라 감하여 가는 것입니다. 제일 마지막 칸에는 어떤 숫자가 들어갈까요?

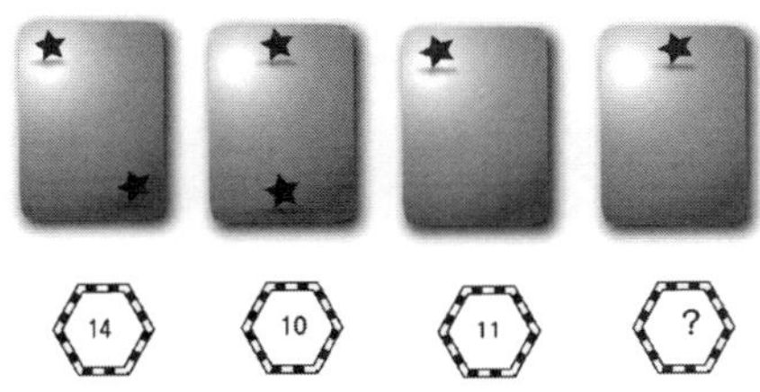

문제풀이과정

과정을 추리하는 문제입니다. 이는 흘러가는 과정을 유추하여 앞으로 나타날 현상을 예측해보는 일이기도 한 것입니다. 모서리에 있는 두 점이 14였다가 모서리의 점 하나를 빼니까 11이 되어 3이 줄어들었습니다. 중간점은 어떻게 되겠습니까?

59 반대로 생각하면 어떻게 될까요?

양말을 손에 사용하도록 하였더니 벙어리장갑이 되었고 반대로 장갑을 발에 사용하도록 하였더니 발가락 양말이 되어 세계를 놀라게 하였습니다. 이런 이치로 발로 하던 것을 손으로 하고 손으로 하던 것을 발로 할 수 있는 기발한 아이디어를 5가지 이상 찾아봅시다. 또 높은 곳에서 일하던 것을 낮은 곳에서 일하게 할 수는 없을까요?

문제풀이과정

발명에서 가장 주목을 받는 발명기법이 "반대로 하기" 입니다. 발로 하던 것을 손으로 하게 한 "노루발" 이나 "열려라 2층 창문" 은 반대로 하여 큰 성공을 거둔 발명품들입니다. 우리가 가정에서 높은 곳에 일할 때는 사다리를 이용하지만 위험한 사다리보다는 밑에서 바로 할 수 있도록 하는 것이 더 좋을 것입니다. 자! 반대로 하는 아이디어에는 어떤 것이 있을까요? 고안하여 봅시다.

60 정삼각형은 어떻게 만들 수 있을까요?

병주는 집에서 친구들과 놀다가 책에서 나온 문제를 이용하여 정삼각형을 만들어 보기로 하였습니다. 집에서 찾아보니 가는 철사가 있어 이 철사를 똑같은 길이 다섯 개와 조금 더 길게 한 개로 잘랐습니다. 이 철사 6개를 가지고 똑 같은 정삼각형을 4개를 만들어 보기로 하였으나 어려워서 도저히 만들 수가 없었습니다. 그러나 철수가 훌륭하게 만들어 내었습니다. 어떻게 만들 수 있었을까요?

문제풀이과정

생각하는 방법에는 수평적 사고와 수직적 사고, 입체적 사고가 있습니다. 사안에 따라서는 수평적인 사고를 해야 할 때도 있고 수직적인 사고를 해야 할 때도 있지만 다 각도로 생각해보는 것이 가장 좋습니다. 이 문제는 평면으로 생각하면 매우 어렵게 됩니다. 그러나 입체적으로 만들어보면 어떨까요?

VII. 생활 속에서 기본 원리를 알게 하라

비온 후에 학생에게 무심코 물어 보았다.

"병주야! 어제는 비가 왔지? 비온 후에 무엇을 보았니?"

"예, 하늘이 깨끗했어요. 그래서 먼 산이 아주 잘 보였어요."

"그것 말고 여러 가지 색으로 본 것이 없니?"

"예, 남쪽 하늘에 무지개가 보였어요?"

"제일 위에 무슨 색이 보였니?"

"빨간 색이요."

"왜 제일 위에 빨간 색이 보였을까?"

"……."

이와 같이 학생들은 눈으로 나타나는 기본적인 사항들은 잘 알고 있어도 구체적으로 들어가면 그만 막히고 만다. 물론 빛의 분산과 파장까지 알아야 하니까 어려울 수도 있다. 이럴 때는 "바닷물은 왜 푸를까? 혹은 노을은 왜 붉을까?" 정도의 다른 현상들을 예를 들어주면서 설명하면 더 쉽게 이해할 수 있다. 짓궂은 학생들은 "자유의 여신상은 한손에는 책을

들고 있습니다. 한손에는 무엇을 들고 있을까요?" 하고 물으면 "아이스크림을 들고 있어요"라고 대답하는 학생들도 있다.

물론 여기서도 마찬가지다. 그러나 애교로 넘어가 주어야 한다. 이와 같이 자연에서 나타나는 현상들은 좁은 공간에서 규칙적으로 말하기보다 평소에 자연스럽게 유도하여 설명하여 주는 것이 과학적인 사고를 키우는 한 방법이다. 마찬가지로 가정에서 사용하고 있는 여러 가지 기구들의 원리들도 고장이 나거나 잘되지 않을 때 그 이유를 교사와 학생이 교대로 묻기도 하고 답하면서 토론으로 이끌어 가면 가장 효과적으로 기본 원리를 빨리 알게 할 수 있다. 그 다음은 스스로 찾아보게 하고 알게 하면서 나타나는 의문점에 대해 토론을 다시 하면 대단히 심오한 전문 분야까지 파고 들어갈 수 있다.

그러나 모든 학생이 다 이렇게 되는 것은 아니며 술술 말할 수 없는 학생이 자주 있다. 이런 학생들은 발음기관에 장애가 있는 것은 아니며 틀리면 어쩌나 하는 두려움이나 부끄러움으로 익숙하지 않은 것이다. 그러나 친밀하게 다가가서 몇 번이고 반복하여 토의하는 과정에서 차츰 나아지게 되나 체계적으로 이야기 할 단계까지는 가정이나 학교에서 많은 노력이 필요하다. 이를 고치기 위해서는 학생에게 윽박지르거나 어색함을 버리고 친밀하게 친구같이 해주는 일이 대단히 중요하다. 훌륭한 지도자는 학생들에게 엄격하면서도 부드럽게 대하면서 넓은 아량을 베풀 수 있어야 하기 때문이다.

발명공부도 마찬가지다. 아이디어를 모으기 위하여 학생들에게 과제를 주어보면 "연필에 무엇을 달자. 넥타이, 가방, 신발, 분필을 어떻게 바꾸자" 등의 자기 주위에 있는 기구들에 대한 것들이 대부분을 차지한다.

그러나 교사가 보았을 때는 하찮은 것들이라 판단할 수가 있다. 그래서 "그것은 이미 나와 있는 것이야. 그것도 아이디어라고 해왔니?" 등으로 학생들에게 이야기하면 학생들은 곧 좌절하여 발명과는 멀어질 수 있다.

그래서 교사는 학생의 입장에서 학생다운 생각과 행동을 이해할 수 있어야 하며 부모도 학생 나이의 수준에서 모든 것을 보아야 한다. 학생이 사고한 자연적인 문제들을 부모의 수준에서 보고 "그렇게밖에 못해! 다시 해" 혹은 "안 돼" 하는 소리가 학생의 장래를 다른 길로 바꿀 수 있다는 것을 명심해야 한다.

61 무가당 빵은 어느 것일까요?

　어머니가 외출하고 나가신 후 병주는 배가 고팠습니다. 주방을 찾아보니 똑같은 빵이 3개가 있는 것을 발견하였습니다. 형은 단것이 있는 빵을 먹고 나는 당뇨병이 있어 무가당 빵을 먹어야 하는데 빵의 모양과 크기, 색이 모두 똑같아서 무가당 빵을 고를 수가 없습니다. 이 중에 1개는 무가당 빵입니다. 어떻게 골라내면 될까요?

문제풀이과정

　창의적인 문제입니다. 과당을 좋아하는 개미나 나비 등 곤충을 이용하는 방법도 하나가 될 수 있습니다. 그러나 주방에 저울이 있다면 간단하게 해결할 수 있습니다. 부피가 같다면 과당이 들어간 빵하고 과당이 들어가지 않은 빵하고는 무게가 서로 다를 테니까요.

어떤 가스레인지일까요?

병주는 아버지와 함께 일요일 등산을 가게 되었습니다. 아침부터 1,000m 나 되는 산을 낑낑거리고 올라갔습니다. 정상에 오르자 배가 무척 고팠 습니다. 점심 식사를 하기 위하여 배낭을 내려놓고 가스레인지를 꺼내어 고기를 구워 먹으려고 하니 바람이 심하게 불어 고기가 잘 구워지지 않 았습니다. 아버지가 고민을 하다가 바람도 막아주고 가스통에 구멍도 낼 수 있는 기발한 장치를 개발해내었습니다. 나는 "아! 바로 이것이다. 가 스레인지에 바람을 막아주는 장치와 침을 넣으면 모든 것이 해결되는구 나!" 생각하고 병주는 집에 와서 그림을 그려 놓고 매우 기뻐하였습니 다. 어떤 발명일까요? 그려봅시다.

문제풀이과정

발명적인 문제입니다. 발명이란 우리 주위에서 불편한 것을 편리하게 개선하는 것입니다. 안전을 위해서 가스통에 구멍을 내어 버려야 하는데 구멍을 내기가 불편 하지요. 가스레인지에 가스통의 구멍을 뚫는 기구는 부착할 수 없을까요? 고안하 여 봅시다.

 **63** 공기가 잘 통하게 할 수 있을까요?

구두는 물이 들어가지 않아 매우 좋은 신발이지만 여름이 되면 발에 땀이 많이 나서 발냄새가 많이 나게 됩니다. 운동화도 마찬가지로 이는 공기가 잘 통하지 못하기 때문입니다. 특히 우리 아버지께서는 무좀이 있어서 퇴근하여 집에 들어오시면 발냄새 때문에 고생이 이만저만이 아닙니다. 공기가 잘 통하여 발냄새가 안 나고 무좀이 생기지 않는 구두를 만들 수 없을까요? 고안하여 봅시다.

문제풀이과정

발명이라고 하는 것이 매우 좋은 것입니다. 내가 개발하면 남이 편하게 사용할 수 있으니까요. 그러나 요사이 우리나라에도 발명이 활성화되어 다양한 신발이 속속 개발되어 나오고 있습니다. 그 중에서는 세계를 제패하는 신발도 있습니다. 또한 요사이는 건강 신발이라 하여 주부들의 사랑을 받는 상품도 속속 개발되어 나오고 있습니다. 자! 나는 어떤 신발을 개발할 수 있을까요? 고안하여 봅시다.

64 어떤 이야기를 했을까요?

어느 가을이었습니다. 병주와 철수가 들판에 앉아 하늘을 처다보니 뭉게구름이 여러 가지 형태를 그리고 있었습니다. 잘 찾아보니 병아리 두 마리가 노는 모습 같은 구름도 보였습니다. 병주는 철수에게 "저 위에 봐! 동그란 구름 옆에 병아리 두 마리가 놀고 있는 것 같아 보이지? 둘이 무슨 이야기를 하고 있을까?"라고 물었습니다. 철수는 구름이 무언가 이야기하고 있는 내용을 알 수 있을 것만 같았습니다. 어떤 이야기를 나누었을까요?

문제풀이과정

　　상상력 증진에 관한 문제입니다. 이런 종류로는 꽃들이 이야기하는 것도 이야기로 꾸며보고 참새가 조잘거리는 이야기들을 동화로 꾸며보는 것도 좋은 방법이 될 수 있습니다. 맑은 가을 하늘 사이에 나타난 여러 가지 구름 모양을 동물의 형상으로 상상하여 이야기를 만들어 봅시다.

그림은 어느 그림자 연극에서 나오는 모양입니다. 어떻게 보면 사람 같기도 하고 아닌 것 같기도 합니다. 어떤 그림일까요? 실제의 그림을 그려보고 무엇을 표현하려고 하는지 5가지 이상 말하여 봅시다.

문제풀이과정

어떤 그림을 보고 상상하여 나타낸다는 것은 두뇌개발에 많은 영향을 주기도 합니다. 그림은 사람 같기도 하고 아닌 것 같기도 합니다. 사람이라면 옆에 많은 그림자가 더 나타난 것 같습니다. 무엇을 표현하려고 했을까요? 친구들과 토의하여 보고 이야기로 만들어 봅시다.

66 어떤 부호가 들어가야 성립될까요?

수학에서 가장 기본은 사칙연산입니다. 요사이 이런 사칙연산을 이용하여 창의력을 키울 수 있는 방법이 다양하게 개발되고 있습니다. 특히 거꾸로 생각해서 ÷는 ×해서 풀고 −는 +로 해서 풀 수 있는 문제들이 많이 나오고 있습니다. 다음은 사칙연산을 하여 일정한 숫자가 되도록 수를 배열해 놓은 것입니다. 이런 연산 방법은 두뇌개발에 도움을 주기 때문에 꼭 필요한 것입니다. 다음의 숫자에 ÷, ×, −, +를 넣어서 7이 되도록 해봅시다.

$$4(\quad)5(\quad)8(\quad)23 = 7$$
$$24(\quad)5(\quad)9(\quad)4 = 7$$

문제풀이과정

사람이 성장하면서 가장 먼저 알아야 하는 것이 언어와 숫자 개념입니다. 그래서 요즘 숫자를 가지고 많은 놀이를 하고 있습니다. 이 문제도 같은 종류의 문제입니다. 이런 문제의 종류는 역으로 계산을 하면 더 쉬울 수도 있습니다. 때로는 거꾸로 가는 것이 더 좋은 방법이 될 수도 있으니까요.

67 어떻게 놓으면 6줄이 될까요?

병주는 바둑알을 가지고 이리 저리 튕기며 게임을 하고 있었습니다. 게임을 하던 중 어제 저녁에 컴퓨터에서 본 한 줄 묶음에 대한 생각이 나자 바둑알 24개로 만들어 보기로 하였습니다. 문제는 한 줄에 바둑알을 5개씩 나란히 6줄 늘어놓는 것입니다. 바둑알이 24개로 어떻게 늘어놓으면 되는지 그려보세요.

문제풀이과정

어떤 문제이든지 생각하는 과정에서 두뇌가 개발되기 때문에 먼저 생각하는 과정이나 정답을 알려 주면 개발을 저해합니다. 스스로 여러 가지로 궁리해 볼 수 있도록 조언이 필요합니다. 언뜻 보기에는 30개 있어야 하나 배열에 따라서는 그렇지 않습니다. 또 입체적으로 생각해 보아도 좋습니다.

68 어떻게 운전할 수 있을까요?

아버지는 차를 타고 가다가 길을 잃어 버려서 너무 깊은 산속까지 가게 되었습니다. 숲이 울창한 길을 계속 가다가 기름이 떨어져 차가 멈추고 말았습니다. 그곳에는 카센터도 없고 휴대폰으로 통화도 되지 않습니다. 차를 두고 걸어서 내려올 수도 없는 형편입니다. 어떤 차를 만들면 이런 경우에도 자동차를 가지고 무사히 집에까지 갈 수 있는지 그 방안을 가능한 다양하게 토의하여 봅시다. 또 기름이 완전히 고갈될 것을 대비하여 어떻게 해야 할지 그 대책을 미래의 과학적인 원리를 적용해서 고안하여 봅시다.

문제풀이과정

요사이 석유 가격이 급등하여 야단입니다. 언젠가는 석유가 고갈된다고 하면 친환경적인 자원을 개발해야 하는데 걱정입니다. 그러나 지금 기름을 넣을 수 없는 산속에서 차가 멈춰 섰습니다. 어떤 차를 만들면 이런 일이 벌어지지 않을까요? 대체 에너지로는 전기, 태양 에너지, 알코올, 플라즈마 등 다양한 종류가 있겠으나 아직까지는 실용화되지 못하고 있습니다. 자! 가능한 한 많은 아이디어를 내어 봅시다.

69 2층 스위치를 찾아보세요

    우리 집은 4층입니다. 1층 계단에는 3개의 스위치가 있습니다. 그 스위치 중 오직 한 스위치만이 2층의 전등과 연결되어 있으며 나머지는 연결되어 있지 않습니다. 그런데 1층에서는 2층이 보이지 않아서 전등이 켜지는지 확인할 수 없습니다. 2층에는 딱 한 번만 올라가서 확인할 수 있게 한다면 3개의 스위치 중에 어느 것이 2층의 스위치와 연결된 것인지를 찾아낼 수 있을까요? 또 올라가지 않고서는 어떻게 확인할 수 있을까요?

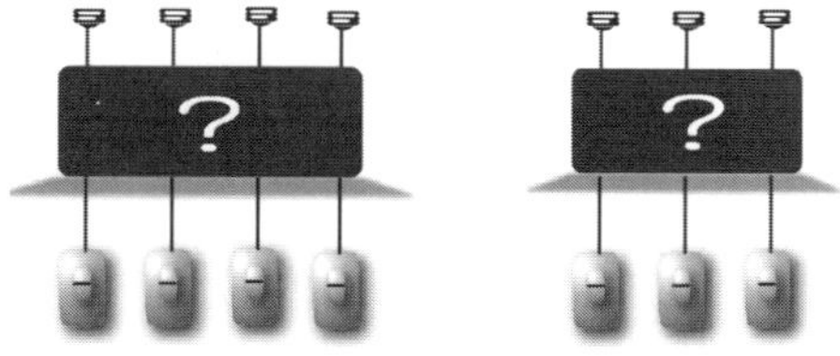

문제풀이과정

    난센스 문제인 것 같지만 그렇지 않습니다. 지금 2개의 스위치는 전기와 연결되어 있지 않고 1개 스위치만 연결되어 있습니다. 이런 경우에 두 번 올라가면 바로 확인할 수 있으나 한 번만 올라가라고 하니 문제입니다. 밑에 1명을 더 두는 방법도 있겠으나 스위치의 구조를 분석하면 올라가지 않아도 가능합니다. 스파크가 일어나니까요.

70 노래의 3절 가사를 지어 보세요

아래의 글은 모두가 즐겨 부르는 "가을"이라는 노래가사입니다. 이 노래를 보고 자기의 생각에 맞는 노래가사 3절을 지어보고 그 가사로 노래를 불러 봅시다.

1.가을이라 가을 바람 솔솔 불어오니
푸른 잎은 붉은 치마 갈아 입고서
남쪽 나라 찾아 가는 제비 불러모아
봄이 오면 다시오라 부탁하누나

2.가을이라 가을 바람 다시 불어오니
밭에 익은 곡식들은 금빛 같구나
추운 겨울 지낼 적에 우리 먹이려고
하느님이 내려주신 생명의 양식

문제풀이과정

작곡하는 것도 고도의 창조이기 때문에 많은 노력과 연습이 필요한 것이며 창의력 증진에 많은 도움을 줍니다. 학생들에게는 작사와 작곡을 동시에 하라고 하는 것은 무리인 만큼 학생들이 즐겨 부르는 노래에 자신만의 가사를 넣어 보는 방법이 매우 효과적입니다. 그러면 학생의 심성 상태나 감정을 알 수 있습니다.

VIII. 창의성을 기르려면 생각할 시간을 충분히 주어라

일은 종류에 따라서 급하게 해야 하는 일이 있고 천천히 해야 하는 일이 있다. 천천히 해야 할 일들을 급하게 하는 것도, 빠르게 해야 할 일들을 느리게 하는 것도 부실을 낳을 수 있기 때문에 일의 종류에 따라서 방법을 달리하는 것이 타당하다.

특히 자라나는 학생들의 경우는 경험이 평생을 통하여 나타나기 때문에 절대 조급함을 가져서는 안 된다. 그 중에서도 창의성 교육은 더욱 그렇다. 아주 찬찬하고 치밀하게 교육되어야 한다. 그러기 위해서는 먼저 부모가 참고 기다릴 줄 알아야 한다. 자녀들을 지도하는 과정에서 조금 틀리든지 천천히 하면 참지 못하고 고함을 치면서 머리만 쥐어박아 용기를 잃게 만드는 것은 좋지 않다.

창의성은 외워서 되는 것이 아니고 창의적인 성격이 형성되어야 하기 때문에 변화하는 시간이 필요하다. 그러므로 기다릴 수 있는 미덕이 학생에게 상상력과 창의성을 가지게 하는 기초임을 알아야 한다.

여기서 상상력이란 머릿속에 떠올리는 생각을 말한다. 눈을 감고 가만히 생각에 잠기면 눈에는 아물거리는 영상이 있고 귀에는 소리가 들리는 시공간을 초월한 이미지를 말한다. 이것이 현실이든 공상이든 창의적인 두뇌개발에는 많은 도움이 된다. 왜냐하면 자전거의 시초가 그림으로 나타났듯이 좀 터무니없는 것일지라도 그 속에 꽤 독창적인 아이디어가 들어 있는 경우가 많기 때문이다.

따라서 소리와 화면이 동시에 나타나는 TV를 보는 것보다도 공상만화나 책을 읽는 것이 오히려 생각의 폭을 넓힐 수 있다. 학생들은 책속에 나오는 인물과 배경을 머릿속으로 그리면서 이어지는 내용을 상상하게

116

되며 이런 구름 잡는 상상들이 때론 현실화되기도 하고 미래를 예감하기도 하기 때문이다.

그러나 학교에서나 가정에서 학생이 책상 앞에 가만히 앉아서 연필을 돌돌 굴리고 있으면 대개의 교사나 부모들은 "공부나 하지, 지금 뭐하니!" 하고 질책을 하게 된다. 이런 꾸지람들이 계속 반복되면 혼자 고민하고 생각하는 시간이 줄어들어 상상력은 모두 날아가 버리고 생각하는 폭이 좁은 학생으로 변할 수 있다. 어려운 문제가 생기면 기피하게 되고 될 수 있는 대로 쉽게 살려는 방향으로 흐르게 되며 자기 자신의 생활에서 명상이 삶의 최고의 공부라는 것을 상실하게 된다.

명상은 학생들이 어떤 문제를 풀어갈 때 막히는 것이 있든지 지나간 일을 회상하면서 나만의 독특한 생각을 가지는 시간인 것이다. 나만이 가질 수 있는 독특한 생각은 지금 가지고 있는 현실을 개선할 수 있는 유일한 공부인 것이다. 따라서 아이들이 창의적인 생각을 만들어낼 수 있게 하려면 머리에 떠오르는 참신한 생각을 그대로 표현하게 하는 것이 매우 중요하며 그것을 그림이나 만화로 나타낼 수 있게 하면 더 좋은 방법이 될 수 있다.

71. 15년 후 나는 어떤 모습일까요?

나는 초등학교 4학년 때 정원에 나무를 한그루 심었습니다. 그 후 지금은 초등학교, 중학교, 대학교를 졸업해서 사회에서 열심히 일을 하고 있습니다. 어떤 일을 하고 있을까요? 15년 후 나무의 자란 모습과 나의 성장모습을 나타내어 봅시다.

문제풀이과정

사람은 꿈을 먹고 산다는 말이 있듯이 누구나 태어나 크면서 작든지 크든지 간에 꿈을 가지고 삽니다. 이 꿈을 미래에 이루는 사람도 있고 이루지 못하는 사람도 있지만 누구나 꿈을 가지고 사는 것은 좋은 일입니다. 나는 커서 무엇이 될 것인가를 그려보세요? 그러나 꿈은 꼭 이루는 희망사항이 되어야 합니다.

72 어떻게 나누었을까요?

병주는 책상 정리를 하기 위해서 주위에 있는 여섯 가지의 물체를 두 그룹으로 나누었습니다. 왜 아래와 같이 나누었을까요? 또 여섯 가지 물체를 (가)와 (나)로 나눈 기준은 무엇일까요?

(가) 그룹 : 숟가락, 클립, 나사못
(나) 그룹 : 공책, 거울, 붓

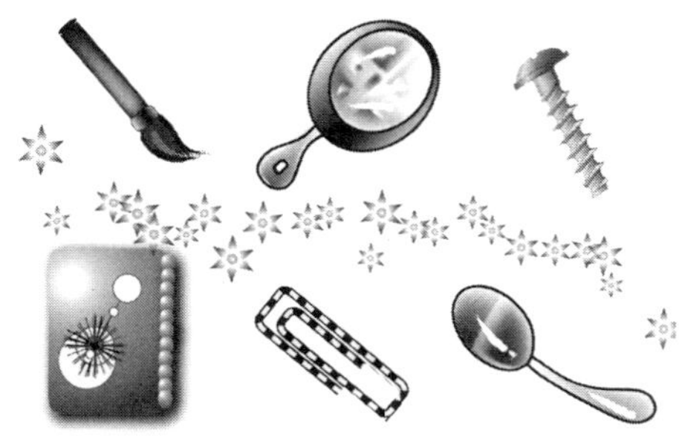

문제풀이과정

평상시에 보면 어떤 사람은 너무 정리를 안 해서 탈이고 또 어떤 사람은 너무 빈틈없이 해놓아서 일에 방해될 수도 있습니다. 그러나 요사이는 자료가 다양해서 분류 정리를 하지 않으면 찾는 데만 시간이 너무 걸려서 남에게 뒤처지기 쉽습니다. 그러므로 자료는 자기의 목적에 맞게 잘 분류 정리 해놓는 것이 지식의 축적인 것입니다. 자! 이 문제에서 병주는 어떤 생각으로 분류하였을까요?

73 나는 어떤 좋은 일을 할까요?

이 세상에는 우리에게 해로운 것보다는 이로운 것이 많으며 특히 자신을 희생하면서까지 남을 돕는 동물들도 있습니다. 또한 우리 주위에 있는 동물을 비롯한 자연, 기계장치, 생활용품들 중에는 어느 곳에서든지 퓨즈의 경우처럼 자신을 희생하여 전체를 보호하는 역할을 하는 것이 많습니다. 이들 중 가장 잘 아는 소재 한 가지나 자원재활용품을 찾아 그 역할을 자세히 써보세요. 또는 그런 역할을 할 수 있는 장치를 새로이 고안하여도 좋습니다.

사람과 마찬가지로 기계도 남을 위해 봉사하는 것만큼 좋은 일은 없을 것입니다. 이런 종류 중에서 자원재활용이라 함은 자기의 일을 다 하고 버려지는 물건들을 다시 유용하게 사용하도록 재생산하는 것을 말합니다. 우리 주위에 버려지는 전지가위, 가스레인지 등을 다른 곳에 유용하게 사용할 수 있는 방법이나 다른 기구에 부착하여 더 편리한 기구가 되도록 고안하여 봅시다.

74　다음 이야기는 어떤 모순점이 있을까요?

"병주는 11시경에 서울의 어떤 거리를 가고 있는데 공기가 탁하여 하늘을 쳐다 보니 200층짜리 아파트의 맨 꼭대기 층에서 연기가 나오고 있었습니다. 사람들이 살려달라고 아우성을 치는 소리가 들려서 위로 올라 갔습니다. 연기가 나는 방에 가보니 학생 가방과 가스레인지가 켜져 있었습니다." 이 이야기에서 이상한 점 5가지를 찾아보세요.

문제풀이과정

옳은 이치를 따지는 것은 바른 생활을 하는 데 필수적인 요소입니다. 어떤 문항이 있으면 그 문항의 문맥을 파악해야 문제의 핵심을 찾을 수 있습니다. 이 문제의 핵심은 200층짜리 아파트입니다. 지상에서 200층이 되는 아파트까지의 거리는 적어도 400m는 족히 넘을 것입니다. 이 간격에서는 불가능한 일이 많지 않을까요?

(75) 시간을 줄여라

　어느 큰 기차역에서는 승객들이 차가 정지한 후 출구에 도착하는 데 10~20분 정도 걸리는 반면 수화물이 도착하는 데는 30~40분 정도의 시간이 소요되기 때문에 승객들이 많이 기다려야 하는 불편이 있었습니다. 철도청에서는 이를 개선하려고 많은 노력을 했음에도 불구하고 승객들로부터 짐을 찾아 가는 게 너무 시간이 오래 걸린다는 불평을 많이 받아 왔습니다. 상황을 조사해본 결과 수화물을 기차에서 내리고 화물창고로 운반하는 과정에서 시간이 많이 걸린다는 것을 알게 되었습니다. 어떻게 하면 같은 시간대에 화물을 찾을 수 있는지 가능한 모든 방법들을 제시해 봅시다.

문제풀이과정

　화물을 빨리 운반하기 위해서는 여러 가지 방법과 장치들이 동원되어야 합니다. 지금까지 설치된 장치로는 화물승강기, 테이블리프트, 전동지게차, 컨베이어 벨트 등이 있습니다. 그러나 기차에서 짐을 내려서 출구 쪽으로 이동시키는 데는 여러 가지 단계를 거쳐야 하기 때문에 늦어지는 것입니다. 이 단계를 자동으로 바꾸든지 단계를 줄이면 시간을 절감시킬 수가 있을 것입니다. 이 단계를 조사하여 봅시다.

76 다른 사용처를 찾아보세요

발명교육시간에 벽돌의 다른 사용처를 찾아보니 무려 50가지나 되는 아이디어가 나왔습니다. 생각을 바꾸어 포크로 사용할 수 있는 다른 기구나 방에서 불을 끄고 난 후 침대에 누우면 불이 꺼지는 장치를 아는 대로 적어 봅시다.

문제풀이과정

발명기법에서 아이디어를 얻기 위하여 다른 용도를 찾아보는 것은 매우 중요한 과정입니다. 이런 방법을 통해서 새로운 아이디어를 산출할 수도 있습니다. 우리가 공부방에서 공부를 하고 자려 하면 먼저 정리를 한 후 불을 끄고 어둠 속에서 잠자리에 들어야 하기 때문에 매우 불편합니다. 만약 스위치를 차단한 후 전등이 3분 정도 있다가 꺼진다면 매우 편리하지 않을까요? 고안하여 봅시다.

77 다 쓴 타이어의 용도를 쓰시오

우리 집 밭에는 아버지가 쓰다가 낡아서 버린 타이어를 주워와 담장 대용으로 사용하고 있으나 몇 개가 남습니다. 이 타이어를 다른 유용한 곳에 사용하고 싶으나 다른 유용한 사용처가 생각나지 않아 고민입니다. 어디에 어떻게 개조해서 사용하면 좋을까요? 다양하게 사용처를 구상하여 봅시다.

문제풀이과정

자원재활용에 대한 발명품은 매년 각광을 받고 있습니다. 옛날에는 연탄재의 재활용이 히트를 치다가 요사이는 못 쓰는 타이어, PET병이 각광을 받고 있지요. 이런 것들을 이용한 발명품에는 못 쓰는 타이어를 이용하여 가스통으로 옮기도록 한 "나도 옮길 수 있어요" 라는 발명품이나 가정에 응접용 탁자로 사용하는 일 등 무수히 많습니다. 자! 이제 나도 하나 발명하여 봅시다.

78 섬에서 아파트를 분양하는 방법을 쓰시오

아버지는 남해안에서 50km 떨어진 바다에 작은 섬을 소유하고 계십니다. 이 섬은 요사이 고기도 많이 잡히고 경치가 매우 좋아서 관광객이 매우 많아졌습니다. 그래서 20세대의 아파트를 지어 사람이 살도록 하려고 합니다. 어떻게 분양하면 다 팔 수 있을까요? 분양할 수 있는 조건 5가지 이상 적어보세요.

문제풀이과정

요사이 아파트가 일반주택보다도 각광을 받고 있습니다. 그러나 대도시가 아닌 무인도에서 아파트를 분양하기란 그리 쉽지만은 않을 것입니다. 그렇다면 기발한 아이디어를 내야 성공할 수 있을 것입니다. 사람이 즐겨 모일 수 있도록 어떤 아이디어가 필요할까요? 구상하여 보고 그 아이디어를 발표하여 봅시다.

79 가장 필요한 물건은 무엇일까요?

병주는 빈손으로 등산을 하다가 길을 잃어 버려서 사람이 살지 않는 너무 깊은 산 속으로 들어갔습니다. 나오려고 하니 날이 너무 저물어 갈 수가 없습니다. 어쩔 수 없이 밤을 지내고 아침에 내려가야 합니다. 병주가 산속에서 하루를 지낼 수 있는 가장 필요한 물건 10가지는 무엇일까요?

문제풀이과정

가장 창의적인 사람은 아무것도 없는 무인도에서도 여러 가지 도구를 고안하여 오래 견딜 수가 있습니다. 그중에서도 가장 필요한 것이 불이겠지요. 발명가는 활비비를 만들어 불을 일으킬 수가 있습니다. 이와 같이 어려움에 처하면 살아남기 위하여 갖가지 방법을 동원할 것입니다. 자! 지금 여러분이 이런 환경에 처한다면 어떤 기구들을 먼저 개발할 수 있을까요?

80 헌 신문지의 다른 사용처를 쓰시오

우리 집에서는 세 종류의 신문을 보고 있습니다. 신문은 매일 들어오기 때문에 모으는 장치를 개발하여 묶어두고 있습니다. 그러나 일주일만 되어도 신문지의 양이 많아져 처리가 매우 어렵습니다. 그래서 "다른 곳에 재활용하는 방안은 없을까?" 아무리 궁리해 보아도 좋은 생각이 떠오르지 않습니다. 헌 신문지를 어떻게 사용하면 좋을까요?

문제풀이과정

우리 생활에서 헌 신문지를 이용하여 편리하게 사용하는 것이 매우 많습니다. 신문지로 공예를 하는가 하면 방 밑에 깔아 벌레가 생기지 않도록 하기도 합니다. 최근에는 헌 신문지로 밭을 덮으면 풀이 나지 않는다고 하여 밭에 사용하기도 합니다. 다른 사용처는 없을까요? 다같이 다른 사용처를 찾아봅시다.

Ⅸ. 생산적인 교육이 창의성 증진의 지름길이다

학교에서의 교육활동은 목표설정, 학습 내용 선정, 학습과정 평가, 평가결과의 재투입이라 할 수 있다. 이 과정을 효율적으로 이루어지도록 하려면 학생들로 하여금 지적 호기심과 첨단 과학기술의 원리, 과학사, 과학기술, 과학과 사회 전반에 대한 일상적인 문제들을 깊이 있게 다루어 주어야 한다. 그러나 우리 학생들에게 이러한 문제들을 어떻게 다루어 주어야 가장 효율적인가를 깊이 생각해 보아야 한다.

과학(science)이란 용어가 원래 "안다" "알아낸다"란 의미를 가지고 있듯이 어떤 학습목표를 학생들에게 깊이 인식시키기 위하여 목표에 근접한 현상들에 대한 의문점을 가지고 학습동기를 유발할 수 있도록 학습분위기를 조성해 주어야 한다. 이러한 목표를 알아내기 위한 도입과정은 그 시간흐름의 핵이라 할 수 있다. 학생들이 도입과정에서부터 의문점(?)을 가지게 함으로써 스스로 토의 연구하고 알아내려는 탐구의욕이 상승하기 때문이다.

도입과정에서 가장 좋은 소재는 학생들이 가장 관심을 많이 가지는 실

생활용품들이다. 그 중에서도 최근에 개발된 과학적인 아이디어 상품들이 더욱 좋으며 이런 상품들을 관련 있는 단원에 도입해 줌으로써 흥미를 유발시켜 활기찬 창의력 교육으로 이끌어갈 수 있다.

특히 학생들은 에디슨, 제임스 와트 등 외국의 발명가들의 이름은 쉽게 떠올리나 우리 역사 속에서 많은 업적을 남긴 훌륭한 발명가는 간과해 버리고 있는 실정이다. 첨성대, 석빙고, 팔만대장경, 고려청자, 금속활자, 물시계, 해시계 등 우리의 역사를 빛낸 많은 발명품들이 여기에 속한다.

이것을 계승 발전시키기 위해서는 교육이 밑거름이 되어 학생들이 심오한 탐구력, 창의력, 합리적 사고를 가질 수 있도록 해야 한다. 그러기에 지금의 교육은 개인적 측면에서 볼 때 사물을 관찰 탐구하는 능력과 체계적으로 생각할 수 있는 사고력, 또한 새로운 것을 고안해내는 창의력 증진이 필수적이라 할 수 있다.

이를 위해서는 실생활에서 사용하고 있는 최첨단 기구들을 이용하여 그 원리와 과학성을 규명해가는 방향으로 교육을 해나가야 한다. 간단한 예로 주전자 뚜껑에 구멍을 낸 이유나 송전선 철탑이나 크레인의 구조 등을 주의 깊게 관찰하면서 그 이유를 생각하고 의문을 가질 수 있도록 학생들을 지도해 주어야 한다. 그래야만 그들이 성인이 되었을 때 고도의 과학적인 발명품을 설계하는 창조적인 생각을 가질 수 있다.

81 더 편리한 모양으로 바꾸어 보세요

우리가 사용하고 있는 기구 중에는 둥근 모양이 제일 많습니다. 둥근 모양을 가지고 있는 생필품 중 사각형 모양으로 바꾸면 더 편리한 것은 어떤 것이 있을까요? 더 편리한 모양으로 바꿀 수 있는 기구들을 찾아봅시다.

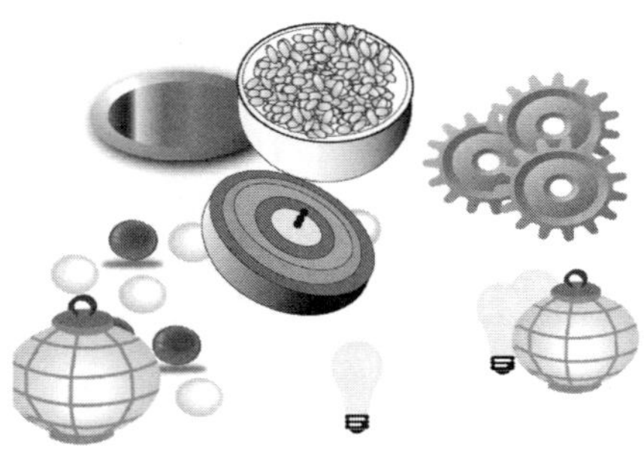

문제풀이과정

우리가 사용하고 있는 가정기구 중에는 사각형이나 삼각형의 모양보다 원형으로 생긴 기구들이 많습니다. 원형으로 만든 이유 중에 하나는 부피가 가장 크다는 이유가 있겠지요. 그러나 모든 것을 다 원형으로 만든다는 생각이 고정관념입니다. 이 고정관념을 깨고 모양을 달리하는 나만의 기구를 고안하여 봅시다.

82 연결된 4직선으로 꽃을 심어보세요

우리 집 정원에는 나무가 많습니다. 겨울이 되자 아버지가 겨울에 볼 꽃이 없다며 꽃양배추를 8포기 사가지고 오셨습니다. 정원의 구조물 주위에 심으려고 하니까 아버지께서 문제를 주셨습니다. "한번 심은 곳은 다시 지나지 않고 직선으로 4번 연결해서 8포기를 심어보아라" 나는 고민에 빠졌습니다. 어떻게 하면 한번 심은 곳을 지나지 않고 다 심을 수 있을까? 연구한 끝에 심을 수 있었습니다. 어떻게 심었을까요?

문제풀이과정

고정관념을 깨고 생각의 폭을 넓힐 수 있는 문제입니다. 주로 이런 문제를 주면 사각형의 선 안에서만 맴돌게 됩니다. 그래서는 풀리지 않기 때문에 선 밖으로 튀어나와야지만 가능합니다. 4직선을 이어서 8포기의 꽃양배추를 심어 봅시다.

83 집을 작게 만들어 보세요

우리 집은 시골에 있습니다. 마당 하나와 크고 작은 초가집이 각 한 채씩입니다. 겨울이 되면 바람이 너무 세어 춥기 때문에 큰 초가집을 콘크리트 집으로 바꾸고 싶습니다. 그러나 작은 초가집이 너무 낡아 보기가 싫습니다. 그래서 될 수 있는 대로 작은 초가집을 작아 보이게 집을 짓고 싶습니다. 어떻게 하면 작아 보이게 할 수 있을까요?

문제풀이과정

‘크다’, ‘작다’ 라고 하는 것은 기준이 없기 때문에 상대적입니다. 우리가 개미를 아주 작게 보지만 크게 보면 또한 큰 것입니다. 아무리 큰 집이라도 옆에 더 큰 건물이 있으면 또한 작게 보이지요. 그러면 큰 집을 어떻게 지어야 할까요?

84 붕어를 미꾸라지로 만들어 보세요

발명에는 "쇠를 금으로 만든다, 에너지 없이 돌아가는 모터, 평생 늙지 않는 약" 등 연구해서는 안 되는 분야가 있습니다. 그러나 두뇌만 잘 회전하면 쇠를 금으로 만들 수도 있으며 붕어를 미꾸라지로 바꿀 수도 있습니다. 생각을 바꾸어 어떻게 붕어를 미꾸라지로 바꿀 수 있을까요?

문제풀이과정

발명에는 불가능한 것이 몇 가지 있으나 발명적으로는 못하지만 생각만 바꾸면 할 수도 있습니다. 과학에서 다이아몬드나 설탕은 모두 탄소로 구성되어 있지만 서로 다르며 다이아몬드를 아무리 변형시켜도 설탕을 만들 수는 없습니다. 그러나 사업적으로는 얼마든지 바꿀 수가 있습니다. 사업가는 어떻게 바꿀까요?

85 사과를 세 번만 잘라 8조각으로 내어 보세요

우리 집은 과수원을 하는데 돌연변이로 다른 것보다 더 큰 사과가 열렸습니다. 이 사과가 시들어 쪼개어 먹기로 하였는데 식구가 8명입니다. 칼로 세 번만 잘라 8조각을 내고 싶습니다. 어떻게 세 번만 잘라 8조각을 낼 수 있을까요?

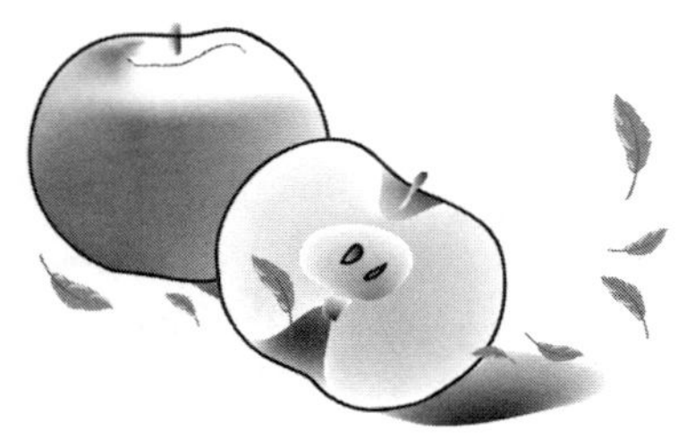

문제풀이과정

생각을 입체적으로 하는 문제입니다. 평면으로 사과를 세 번만 잘라 8조각으로 내는 것은 불가능합니다. 그러면 어떻게 해야 할까요? 그래서 입체적으로 생각해야 한다는 것입니다. 평면에서 두 번 자르고 입체로 한번 자르면 어떻게 될까요?

무를 썰어 김치를 담그고 싶습니다. 칼 하나로 썰려고 하니 시간이 너무 많이 걸립니다. 아주 빠른 시간에 무 조각을 만들고 싶어 칼을 개량하여 보았습니다. 사용하여 보니 매우 빠르게 무 조각을 만들 수 있었습니다. 옆으로 자른 무를 두 번 잘라 22조각 이상을 낼 수 있는 칼은 어떤 칼일까요?

문제풀이과정

발명적인 문제입니다. 복잡한 것을 단순화시켜 간단하게 일하도록 고안하는 것이 발명의 가장 큰 목적이기도 한 것입니다. 이 문제도 깍두기를 만들기 위해서는 무를 하나하나 칼로 썰어 토막을 낸 다음 양념과 섞기 때문에 시간이 매우 많이 필요합니다. 몇 번만 자르면 깍두기가 되는 다목적 칼은 어떻게 개발할 수 있을까요? 여러 개를 조합하여 봅시다.

87 어떤 현상이 일어날까요?

　현재의 지구는 생명체가 살기엔 매우 적당한 조건이며 매우 아름답습니다. 물, 공기, 태양, 식물, 동물들이 서로 조화롭게 아주 잘 살아가고 있으나 사람들의 무분별한 개발과 쓰레기 문제로 몸살을 앓고 있습니다. 앞으로 20년 후에는 이런 원인들로 인한 환경문제가 더 심각해질 것입니다. 지금 현재 지구의 크기가 반으로 줄어든다면 어떤 현상이 일어날까요? 지구의 모든 환경변화에 대하여 토의하여 봅시다.

문제풀이과정

　원래 지구는 아주 쾌적하게 만들어졌으나 지금 지구는 온난화, 쓰레기로 몸살을 앓고 있습니다. 우리 자손만대의 번영을 위해서는 쾌적한 지구를 물려주어야 합니다. 자! 지금의 지구가 반으로 줄어든다면 더 많은 문제점이 발생할 수 있을 것입니다. 가장 큰 문제는 무엇일까요? 토의하여 봅시다.

쓰레기를 자원화하여 봅시다

지구는 원래 매우 아름다웠으나 사람들의 무분별한 대기오염과 쓰레기 투기로 공기와 흙이 썩어가고 있습니다. 이런 속도로 오염된다면 미래에는 쓰레기 더미와 공기 청진기를 달고 다니며 살게 될지도 모릅니다. 자연정화에는 한계가 있기 때문에 인공적으로는 불가능합니다. 가장 좋은 방법은 쓰레기를 자원화하여 재활용하는 것입니다. 쓰레기를 자원화하려면 어떻게 해야 할까요? 토의하여 봅시다.

문제풀이과정

쓰레기는 지구 쓰레기, 우주 쓰레기 등 무분별하게 배출되고 있습니다. 이 쓰레기들을 태우면 환경오염이 생기고 묻으면 토양이 썩기 때문에 이러지도 저러지도 못하는 형편입니다. 한 가지 방법은 재활용하는 수밖에 없습니다. 물건을 생산하는 회사에서는 어떻게 하고 또 개인은 쓰레기를 어떻게 활용할 수 있을까요? 그 구체적인 방안을 제시하여 봅시다.

89 평행선이 아니게 해보세요

그림은 치마에 그려 있는 4개의 평행선입니다. 이 선을 평행하게 보이지 않고 사선으로 보이게 하려고 합니다. 어떻게 하면 평행선은 이동하지 않고 평행해 보이지 않도록 할 수 있을까요? 그려봅시다.

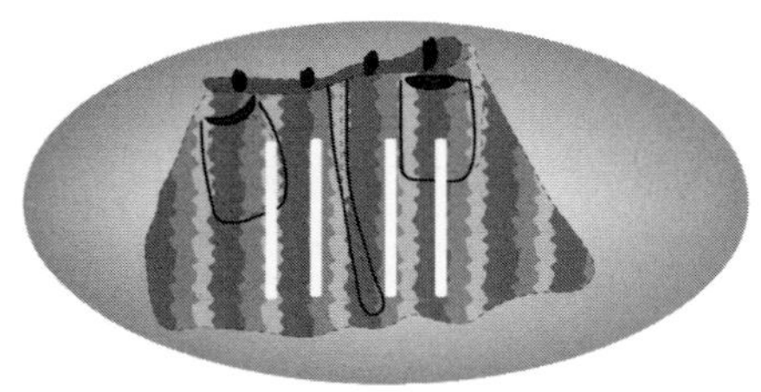

문제풀이과정

실제로 선을 긋는 것과 그은 선을 우리 눈으로 보는 것은 많은 차이가 있습니다. 이것을 착시라고 하지요. 착시에는 여러 가지가 있지만 이 문제는 평행선 착시에 해당하는 문제입니다. 평행선에 어긋나도록 사선을 넣어보면 어떻게 될까요? 사선을 넣은 치마를 만들어 봅시다.

140

90 짧은 선으로 보이게 해보세요

그림은 손수건에 그려 있는 여러 줄의 선입니다. 이 선을 길게 짧게 번갈아 나타나게 하고 싶습니다. 어떻게 하면 줄이지 않고 길게 짧게 보이게 할 수 있을까요? 그려봅시다.

문제풀이과정

길이의 크기는 선의 굵기와 관계가 있습니다. 아무리 짧아도 아주 가는 선으로 그으면 길게 보이지요. 자! 그러면 어떻게 해야 할까요? 만약 키가 작은 사람이 키가 크게 보이려고 한다면 어떤 바지나 치마를 입어야 할까요? 토의하여 봅시다.

X. 창의성 교육은 일상생활 속에서 이루어져야 한다

최근 글로벌 시대가 되면서 모든 학부모들은 자녀들을 조금이라도 더 창의적으로 키우려고 온 힘을 쏟고 있다. 그래서인지 요사이 많이 출판되고 있는 창의성에 관한 학습교재, 학습지 등을 무작위로 선택하여 경쟁적으로 지도하고 있다. 그러나 가정에서의 이런 교육방법들은 모든 교과의 기본 지식을 오히려 등한시하는 결과를 가져올 수 있으므로 매우 조심하지 않으면 안 된다.

기본지식의 축적은 점차 커가면서 건전하고 타당한 사고를 할 수 있는 토대가 되기 때문에 창의력을 신장시킬 수 있는 가장 튼튼한 기초라 할 수 있다. 이 기본지식들이 다양하게 쌓일수록 학생들의 성장은 모든 면에서 깊이를 가지게 되며 창의력이 다양하게 도출될 수 있음을 알아야 한다. 이는 교과의 기본 지식을 충실히 했을 때만 가능하며 창의력은 기본지식의 기초 위에서 이루어지기 때문이다.

그러나 기본지식이 갖추어졌다고 해도 창의성 교육을 기본 교과의 과외공부와 같이 지도한다면 과연 창의성이 높아질 것인가를 다시 한 번 생각해 보아야 한다. 학생들을 지도하다 보면 어떤 일이든지 남보다 튀기 위하여 색다르게 생각하는 학생들이 종종 있으며 이런 학생들을 창의력이 높다고 판단하는 것은 무리일 수 있다. 물론 기존의 틀을 깨는 자유로운 발상이 바로 창의성 교육의 근본이기 때문에 그렇게 생각할 수도 있으나 꼭 그렇게 되는 것만은 아니다.

현재 일부에서 시행되고 있는 창의성 교육은 창의적인 사고방법만을 강조하다보니 기본지식을 통한 새로운 발상보다는 방법 제시나 내용이 없는 껍데기의 창의성 교육으로 흐르는 경우가 빈번하다.

144

창의적인 사고란 독창성, 융통성뿐 아니라 유창성, 정교성도 함께 아우르는 개념이기 때문에 기본적인 개념을 충분히 습득한 뒤에 그것을 응용하고 발전시킬 수 있는 수업이 되어야 한다. 이 과정에서 주제나 탐구 방법 없이 생각하는 방법을 습득하는 것보다는 영역별로 한 가지 주제를 깊이 있게 공부할 수 있는 방법으로 진행되어야 한다.

단적인 예로 삼각형이나 사각형의 도형이 그려진 종이를 나누어 주고 자기가 살 집을 자유롭게 그리게 한다든지 어제 공부한 것 중에서 머릿속에 떠오르는 생각을 모두 이야기하게 하는 등의 방법은 새로운 사고를 만들어 낼 수 없는 문제이기 때문에 유의하지 않으면 안 된다. 또한 연상 능력도 필요하므로 자신이 하고 있는 과제와는 전혀 상관없는 영역에서 생각을 끌어올 수 있는 능력도 길러 주어야 한다. 그러기 위해서는 자기가 좋아하는 과목만 열심히 할 것이 아니라 다양한 분야의 지식을 골고루 습득해야 한다.

예를 들면 "호랑이, 고양이, 개가 가정에서 함께 살게 하려면 어떤 조건들이 필요할까?" 또한 "까치가 전신주에 집을 짓지 못하게 하려면 어떻게 하면 좋을까? 배를 쪼아 먹지 못하게 하려면 어떤 환경을 만들어 주어야 할까?" 등의 생각을 깊게 할 수 있는 과제를 준다면 학생들은 호랑이, 개, 고양이, 까치의 생태에 대한 충분한 지식과 함께 이 동물들의 자연적인 조건과 현재의 조건, 행동과 심리에 대한 조사를 일상생활을 통해서 체득하게 될 것이다.

때문에 창의성 교육은 규칙적인 시간을 통해서 교육되는 것보다는 일상생활을 통해서 자연스럽게 이루어지는 것이 바람직하다고 할 수 있다. 이를 위해서는 부모가 먼저 고정관념을 버리고 열린 생각을 가져야 하며

학생들의 호기심과 의문을 공동으로 해결하여 다양한 경험과 지식을 쌓
도록 배려해 주는 것이 필요하다.

91 왜 강아지가 떨고 있을까요?

어느 비오는 여름이었습니다. 물건을 사기 위해 길을 가고 있는데 길 옆에 강아지가 쪼그려 앉아 떨고 있었습니다. 불쌍해서 점포로 데리고 가서 털을 말려주고 따뜻하게 해주었지만 계속 떨고 있었습니다. 나는 강아지의 체온이 공기의 온도보다도 더 낮아서 떨고 있는지가 궁금하여 곰곰이 생각해 보았습니다. 강아지의 체온은 지금 어떤 상태일까요?

문제풀이과정

온도의 느낌에 관한 문제입니다. 일반적으로 강아지들의 체온과 맥박은 사람보다 높습니다. 사람의 체온은 약 36.5℃인 반면 강아지들의 정상 체온은 약 38~39℃ 정도로 사람보다 약간 높습니다. 그러나 할아버지하고 목욕탕에 가보면 뜨거운 탕에 들어가셔도 시원하다고 하십니다. 왜 그렇게 느낄까요? 우리 몸은 자기의 체온보다 밖의 온도가 더 높으면 어떻게 느끼는지 조사하여 봅시다.

92 할머니를 핀에서 어떻게 보호할 수 있을까요?

우리 할머니는 한복집을 하고 계십니다. 옆에서 보니 한복을 만들 때 핀을 꽂아서 모양을 낸 후 그 모양대로 그려놓고 바느질을 합니다. 이런 과정에서 핀을 떼어내다 방바닥에 핀이 떨어져 할머니가 자주 찔리곤 합니다. 그래서 나는 방과 후에 핀을 주워 드리지만 다 찾지 못하고 가끔 찔릴 때가 있습니다. 쉽게 찾을 수만 있다면 할머니를 보호해 드릴 수가 있는데 고민입니다. 어떤 기구를 만들 수 있을까요? 고안하여 봅시다.

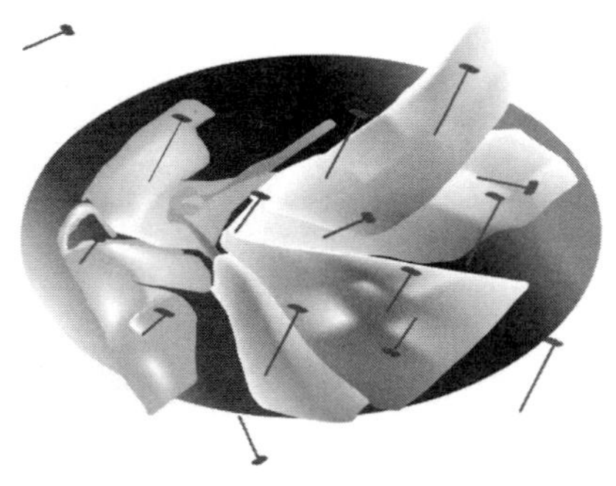

문제풀이과정

한복점을 하는 곳에서는 핀 때문에 여간 고생이 아닙니다. 핀은 쇠로 되어 있어 자석으로 찾기도 하지만 아무리 주워도 핀이 구석에 있어 자주 찔리곤 합니다. 우리 집에서도 핀에 찔려본 경험이 한두 번이 아닙니다. 요사이 로봇 청소기가 나오는데 이와 같이 핀은 스스로 찾을 수 있는 간단한 방법이 없을까요? 고안하여 봅시다.

93 어떻게 쉽게 셀 수 있을까요?

　어느 맑은 날 시골길에서 지방도로를 국도로 변경하기 위한 기초 작업을 수행해야만 합니다. 이 작업은 하루에 다니는 차량의 대수를 조사하여 이 숫자가 많아지면 갓길을 만들어 재포장 공사를 하게 됩니다. 그래서 차량의 대수를 헤아리기 위하여 아침 6시에 도로에 나가보니 해가 붉게 솟아오르고 있었습니다. 나는 도로의 서편 낮은 곳에 의자를 놓고 하루에 차가 몇 대가 다니는지를 세고 있었는데 목도 아프고 매우 힘이 들었습니다. 그래서 전자장치를 이용하여 쉽게 셀 수 있는 방법은 없을까 생각하여 보았습니다. 아주 간단한 방법으로 어떻게 쉽게 셀 수 있을까요?

문제풀이과정

　요사이는 전자시대입니다. 고속도로 톨게이트에 가보면 지나가는 차량 대수를 정확하게 헤아리고 있습니다. 그러나 이것은 고정식이라 이동이 불편합니다. 자동차 대수를 셀 수 있는 이동이 간편한 기구를 고안하여 봅시다.

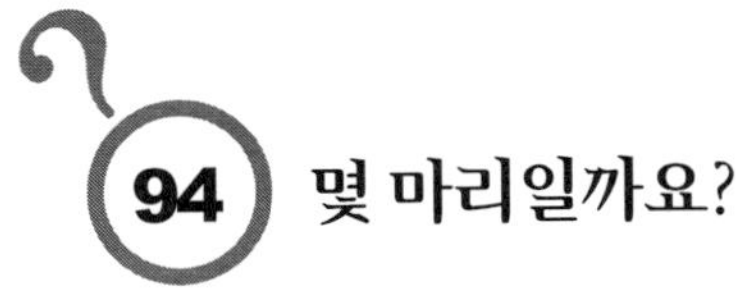

94 몇 마리일까요?

아버지는 몸보신을 하신다고 시장에 가서 크기가 똑같은 미꾸라지를 많이 사가지고 오셨습니다. 미꾸라지는 kg으로 팔기 때문에 몇 마리인지는 알 수가 없는데 아버지는 나에게 몇 마리인지 세어보라고 합니다. 하지만 너무나 많고 미끄러워서 세기가 매우 힘이 듭니다. 나는 "창의적으로 빨리 셀 수 있는 방법은 없을까?"를 생각하다가 단번에 셀 수 있는 기발한 방법을 알아내었습니다. 어떻게 세었을까요? 고민하여 봅시다.

문제풀이과정

창의적인 문제이기 때문에 정확하게 한 마리 한 마리 헤아리는 것보다는 통계적으로 세야 합니다. 물론 큰놈, 작은놈이 섞여 있지만 통계적으로는 거의 맞아떨어집니다. 한 주먹 들어내면 그중에도 큰놈, 작은놈이 들어 있으니까요. 그 후 저울을 이용하여 봅시다.

95 몇 마리의 붕어가 있을까요?

우리 집에는 중형의 수족관이 있어 붕어를 많이 키우고 있습니다. 이 붕어는 수족관 속에서 매우 잘 돌아다니며 놀고 있습니다. 그래서 몇 마리가 있는지 궁금하여 오른쪽부터 세기 시작하였는데 붕어들이 이리저리 움직여서 좀처럼 정확히 셀 수가 없습니다. 쉽게 셀 수 있는 방법은 없을까요? 여러 가지로 조사하여 보고 쉽게 셀 수 있는 방법을 고안하여 봅시다.

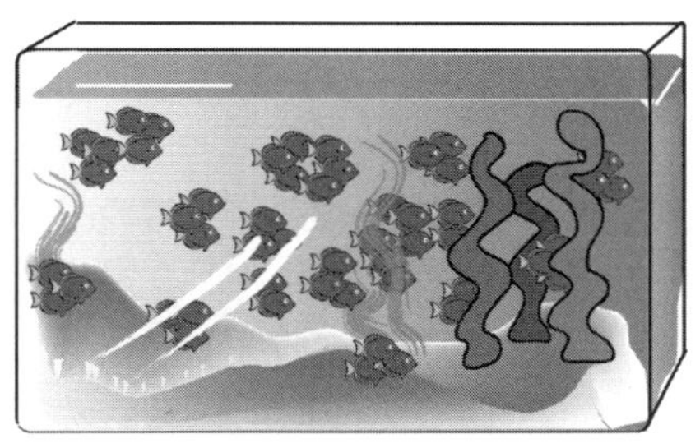

문제풀이과정

가만히 있는 물체보다도 움직이는 물체를 세는 것은 더 어렵습니다. 수족관의 고기들은 항상 움직이니까 더 어렵지요. 자! 일단은 한쪽으로 가두어야 합니다. 그리고 나면 넓은 곳으로 나오려고 하겠지요. 어떻게 가둘 수 있을까요? 토의하여 봅시다.

96 나의 위치는 어떻게 이야기할 수 있을까요?

병주는 깊은 산으로 등산을 갔습니다. 정상에 올라 밥을 해먹고 놀다가 보니까 해가 서산에 지고 있었습니다. 급한 마음에 빨리 짐을 간추려 하산하기로 하고 내려오다가 급한 마음에 그만 길을 잃어 버렸습니다. 아무리 찾아보아도 길은 나오지 않고 숲만 보이는 것이었습니다. 해는 지고 큰일이 났습니다. 병주는 휴대폰을 꺼내 119구조대에 조난신고를 하려고 하였으나 지금 위치가 어딘지 전혀 알아낼 길이 없었습니다. 어떻게 나의 위치를 말할 수 있을까요? 첩첩산중에서 위치를 말할 수 있는 방법을 고안하여 봅시다.

문제풀이과정

요즘 휴대폰이 있어 위치 추적이 아주 간단하게 이루어지고 있습니다. 그러나 휴대폰이 없으면 곤란하지요. 어떤 문제든지 기준점을 잡아야 합니다. 먼저 동서남북을 알아내고 그 위치에서 가장 높은 산이나 전봇대를 기준으로 위치를 이야기할 수는 없을까요? 고민하여 봅시다.

97 10년 후의 선풍기는 어떻게 변하여 있을까요?

　여름이 되면 매우 덥기 때문에 각 가정에 선풍기나 에어컨은 필수품입니다. 에어컨이 없을 때는 시원한 바람의 선풍기가 큰 역할을 합니다. 이런 선풍기의 구조는 회전날개와 바람의 세기를 조절할 수 있는 강약버튼, 타이머, 형광등, 각도조절기, 수시로 변하게 하는 바람 조절기 등으로 구성되어 있으며 종류에 따라서도 매우 다양합니다. 또한 요즘에는 얼음을 넣어 찬바람을 일으키는 냉풍기도 볼 수 있습니다. 이렇게 예전보다는 기능이 개선되었지만 선풍기의 기본 원리에는 변함이 없습니다. 여러분이 10년 후에 선풍기를 사용한다면 어떻게 변하여 있을까요? 새로운 선풍기의 불편한 점이나 개선해야 할 점을 그려 봅시다.

문제풀이과정

　옛날에는 100년 대계라고 하였지만 지금은 하루하루가 다르게 변하고 있습니다. 발명하는 방법 중 더하기, 빼기, 거꾸로 하기, 반대로 하기, 남의 아이디어 빌리기, 모양 바꾸기 등을 이용하여 여러분들이 성인이 되었을 때의 선풍기는 어떻게 변하여 있을지 상상하여 아이디어를 짜내 봅시다.

98 하루살이는 진짜 하루만 살까요?

여름밤이 되면 창문이나 가로등 밑에 수많은 곤충이 모여듭니다. 이들 곤충들 중에는 하루살이가 있습니다. 이 곤충은 길이가 13~17mm, 앞날개 길이는 12~15mm, 꼬리길이는 28~33mm이고 몸은 전체적으로 황백색을 띠고 있으며 주로 여름에 나타납니다. 하루살이로 이름을 정하였다면 하루만 살다가 죽는 곤충이라는 예측이 가능합니다. 과연 하루만 살고 죽는 것이 맞을까요? 하루만 살지 않는다면 왜 하루살이로 이름을 정했을까요? 토의해 보고 과학적으로 타당성 있는 이론과 다른 이름을 정하여 봅시다.

문제풀이과정

관찰이라고 하는 것은 모든 것의 기본입니다. 무엇이든지 유심히 보는 것과 무심히 보는 것은 나중에 유명인과 무명인의 차이로 나타나기도 합니다. 우리는 하루살이를 보고 하루만 살다가 죽으니까 하루살이로 이름을 정한 것으로 생각하고 넘어갑니다. 그러나 조금만 관심을 가진다면 그렇지 않다는 것을 알게 됩니다. 하루살이는 과연 며칠이나 살까요?

99 머리띠를 어떻게 활용하면 좋을까요?

여학생들은 머리카락이 헝클어지지 않도록 머리띠를 곱게 착용하고 다닙니다. 그래서 매우 다양한 모양과 색상의 머리띠들이 속속 개발되어 나오고 있습니다. 그러나 기능성이 있는 머리띠를 만들어 더 편리하게 사용하려고 합니다. 머리띠를 다른 용도로 사용하든지 기구를 붙여 활용할 수 있는 방안을 10가지 이상 적어보세요.

문제풀이과정

어느 발명가는 머리띠에 라디오를 부착시켜 "머리띠 라디오"를 만들어 성공한 예가 있습니다. 이와 같이 단순하게 하나를 붙여 성공한 예도 무수히 많습니다. 그러나 성공하려면 무엇이 불편한지, 어떻게 하면 더 편리한지를 알아내야 합니다. 어떤 기구를 부착하면 편리해질까요? 더하기를 해봅시다.

100 어떻게 절약할 수 있을까요?

요사이 기름값이 올라 살림살이를 어렵게 만들고 있습니다. 그래서 각 가정에서는 "끄자, 잠그자, 닫자"라는 구호 아래 절약을 생활화하고자 많은 노력을 하고 있습니다. 그러나 아무리 노력해도 안 쓰고 살 수는 없는 형편입니다. 가정에서 전기나 기름 등의 에너지를 최대한 효율적으로 아낄 수 있는 방법들을 가능한 한 모두 말해 봅시다.

문제풀이과정

요사이 우리 학생들을 보면 낭비가 너무 심합니다. 멀쩡한 실내화를 버리는가 하면 연필이 떨어져 있어도 주울 생각을 하지 않습니다. 아끼는 것은 없어서가 아니라 평소에 습관으로 길러야 합니다. 자! 우리 집의 내부를 한번 조사하여 봅시다. 어떤 절약할 점이 있을까요?

XI. 발명 교육이 창의성 교육의 근본 이다

병주는 과학에 대단히 관심이 많아 주위에서 버려지는 물건이 있으면 주워 분해해보고 버리는 호기심이 매우 많은 학생이다. 그 날도 할머니께서 밭에 마늘모종을 하러 가신다고 해서 공휴일이라 따라가 보기로 하였다. 밭에 도착하여 할머니가 비닐을 덮으시는데 매우 힘이 들어 하시는 것을 보고 도와드리게 되었다.

그 날 늦게까지 일을 한 후 방에 들어가 보니까 할머니께서 허리가 아프다고 누워 계셨다. 병주는 안타까움에 "쉽게 비닐을 덮는 기구를 만들 수 없을까?" 궁리하게 되었다. 여러 가지로 자료를 조사하다가 어느 학생이 만든 자동으로 고추 심는 발명품을 보게 되었다. 이 발명품을 분석하여 보니 크게 어려운 원리가 아닌 것 같아 이 원리를 이용하고 또 다른 기구들을 연구하여 "비닐을 쉽게 덮을 수 있는 기구"를 만들 수가 있었다.

다음날 할머니와 이 기구를 사용하여 비닐을 덮어보니 힘이 들지 않고 매우 편리하였다. 할머니의 노고를 덜어드리려고 발명을 한 이 학생의 예와 같이 우리 주위를 살펴보면 비능률적이고 불편한 것들이 한두 가지가 아님을 알 수 있다. 이런 불편한 점들을 "왜 그럴까? 다른 방법은 없을까?" 하고 생각하는 힘이 창의적인 인간이 가지고 있는 가장 기본적인 요소라 할 수 있다.

이런 창의적인 생각들은 치밀한 관찰을 근간으로 하는 발명 교육을 통해서 잘 길러질 수가 있다. 일반적으로 발명을 하기 위하여 발명 교육을 받으라고 하면 "그것은 발명가나 하는 것이 아닌가"라고 생각하는 사람들이 많다.

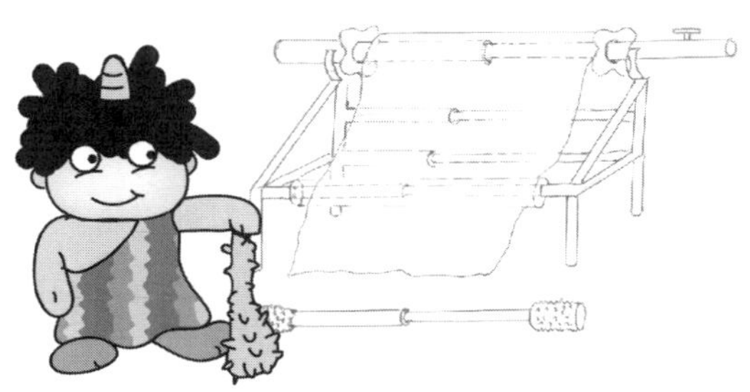

　그러나 발명 교육은 꼭 발명가를 만들자는 것은 아니며 창의적인 사고로 사물을 관찰 분석하여 문제점을 해결할 수 있는 창의적인 인재로 육성하자는 것이다. 예를 들면 연필 깎는 기구를 분해 조립하다가 보면 그 원리를 알게 되고 그 원리를 다른 곳에 이용하다 보면 나중에는 새로운 것을 찾아내는 능력을 가지게 되는 것이다.

　이는 우리가 즐겨먹는 라면만 보더라도 잘 알 수가 있다. 일본에서 발명된 라면이 우리나라에 정착되어 세계적인 라면강국으로 된 이유도 처음에는 단순하게 변형하는 모방이 나중에는 주객을 바꾸어 세계인의 입맛에 맞는 창조적인 라면으로 탄생했기 때문이다.

　그 결과 모방의 경험을 한 도전의욕이 미래에는 창조가 익숙한 새로운 창의력으로 거듭나게 되어 지금 세계 제4위라는 특허강국을 이루게 된 것이다. 이런 일들은 우연히 이루어진 것이 아니고 발명가들의 끈질긴 노력과 발명 교육이 기반이 되었기 때문에 가능했던 것이다.

　때문에 창의적인 새로운 프로그램을 적용하여 어릴 때부터 발산적 사고와 끈질긴 집념으로 새로운 것을 창출할 수 있도록 모든 힘을 우수한 인재 육성에 주력해야만 하는 이유가 여기에 있다.

옛말에 "두드려라. 그러면 열릴 것이다"라는 말이 있다. 이 말은 가만히 있기보다는 무언가 찾고 노력하면 새로운 세계가 나타난다는 말이 아니겠는가? 유치원에서부터 스스로 할 수 있는 창의적 발상의 틀을 가지게 한다면 항상 도전하고 새로운 것을 찾는 21세기형의 두뇌가 될 수 있음을 알아야 한다. 도전하라! 그러면 실패도 값진 다이아몬드로 변할 것이다.

101 어떻게 보이게 할 수 있을까요?

이 세상에는 너무 크거나 작아서 볼 수 없는 것들이 많습니다. 과학자들은 특별한 기구를 제작하여 작아서 안 보이는 것들은 모형으로 만들어 모두가 볼 수 있도록 발명하고 있습니다. 그러나 이 세상에는 아직도 볼 수 없는 것들이 많이 존재하고 있습니다. 눈으로 볼 수 없는 것들은 어떤 것이 있으며 볼 수 있도록 하려면 어떻게 해야 할까요? 간이형 관찰기구를 만들어 봅시다.

문제풀이과정

큰 것은 작게 만들고 작은 것은 크게 만들어 모든 사람들이 보도록 하는 것을 모형이라고 합니다. 그러나 눈에 안 보이는 것들이 더 많습니다. 그래서 현미경이 발달되었고 사람의 속은 내시경을 통해 보고 있습니다. 이렇게 고도의 과학기구보다는 자연관찰을 가서 작은 동식물들을 간단히 확대하여 보려면 어떤 기구가 필요할까요? 고안하여 봅시다.

102 어떤 쉬운 방법들을 고안할 수 있을까요?

철골 구조물이 발명되고 난 후 다리, 아파트 등에 이 기술이 접목되면서 지금은 세계 최고층 아파트까지 우리의 기술로 시공되고 있습니다. 그러나 무거운 기구를 아파트의 계단으로 이동시키려면 매우 위험하고 또 쉽지도 않습니다. 물론 아주 무거운 기구는 리프트를 사용하면 되지만 좀 가벼운 물건들은 이 기구를 매번 사용할 수도 없는 형편입니다. 그러면 아파트의 계단으로 무거운 물건을 나를 수 있는 방법들을 가능한 많이 제시해 봅시다.

문제풀이과정

아파트에 이사를 할 때는 리프트를 사용하여 편리하게 옮기고 있습니다. 그러나 이것은 많은 물건을 고층으로 옮길 때 사용하는 기구입니다. 우리가 평소에 유모차, 휠체어를 계단으로 옮기거나 피아노를 이동시킬 때 매우 힘이 많이 듭니다. 힘이 적게 들고 쉽게 옮길 수 있도록 고안할 수는 없을까요? 실제로 계단을 오르내리는 휠체어가 크게 성공한 예도 있습니다.

103 넓이를 측정하여 봅시다

공원이나 학교에는 큰 나무들이 많습니다. 그래서 일반적으로 우리는 "이 나무는 크다 혹은 저 나무는 작다"라고 애매모호하게 말을 하고 있습니다. 그러나 실제로는 얼마나 큰지 알 수가 없습니다. 크기나 넓이를 알면 "이 나무는 저 나무보다 키는 몇 m 더 크고 넓이는 몇 m^2 더 넓다"라고 과학적으로 말할 수 있어야 할 것입니다. 이렇게 말할 수 있도록 교정에 서 있는 향나무의 넓이를 측정할 수 있는 방법을 제시해 봅시다.

문제풀이과정

모양이 일정한 다각형의 넓이를 계산하는 것은 비교적 쉽습니다. 그러나 곡선이 섞인 도형의 넓이를 계산하기란 쉬운 일이 아니지요. 더욱이 일정한 모양이 없는 나무의 넓이를 측정하는 것은 더 어려운 일입니다. 이때 창의력이 필요하지요. 물론 모눈종이를 이용해야만 합니다. 자! 사진을 찍어 한번 계산해 보세요.

104 다른 용도로 사용할 수는 없을까요?

우리가 매일 사용하고 있는 기구들은 그 발명이 위대한 것일지라도 편리함을 느끼지 못하고 있습니다. 주전자의 발명도 이와 같습니다. 주전자가 발명되고 난 후 구멍 뚫은 것, 소리가 나도록 한 것 등 속속 개발되고 있으며 또 요사이는 기능성 주전자들이 속속 개발되고 있습니다. 그러나 주전자는 물을 담는 일에만 사용하고 있습니다. 물을 담는 일 외에 어떤 일에 사용할 수 있을지 적어도 5가지 이상의 용도를 생각해 봅시다.

문제풀이과정

발명에는 구멍을 내어 성공한 것들이 무수히 많습니다. 주전자도 원래 뚜껑에 구멍이 없었으나 물 끓는 소리가 하도 시끄러워 홧김에 송곳으로 찌른 것이 계기가 되어 끓어도 소리가 나지 않게 된 것이지요. 이와 같이 만년필, 송곳 등 무수히 많은 곳에 구멍을 내어 성공하였습니다. 그러나 아직까지도 완전한 것은 아무것도 없습니다. 모두가 더 개선해야 할 기구들로 개선과정에 있는 것입니다. 그렇다면 주전자는 물을 담는 일 외에도 어떤 기구로 사용하면 좋은지 고안하여 봅시다.

(105) 어떤 기구로 만들 수 있을까요?

가정이나 관공서의 정원에는 많은 나무들이 자라고 있습니다. 이 나무들은 일정한 크기나 형태로 자라야 하기 때문에 매년 전지가위로 잘라 주어야 합니다. 큰 가지를 자르다 보면 전지가위의 날이 무뎌져서 못쓰게 되는 경우가 많습니다. 이 날을 다른 형태로 바꾸어 다른 용도로 사용하고자 합니다. 다른 용도로 변경하여 사용할 수 있는 방법을 3가지 이상 그려 봅시다.

문제풀이과정

어느 초등학생은 못 쓰는 전지가위를 날 부분을 잘라내고 앞에 통을 만들어 밤송이 까는 기구를 만들어 큰 상을 타기도 하였습니다. 또 어떤 학생은 못 쓰는 부탄가스의 통에 구멍을 내고 남은 가스를 모으는 장치를 만들어 성공하기도 하였습니다. 마찬가지로 가정에서 사용하는 전지가위가 못 쓰게 되면 개조하여 사용할 곳이 많습니다. 이 가위를 이용하여 발명해 봅시다.

106 어떻게 절약할 수 있을까요?

　종이에 쓰는 기구인 연필이 발명되고 난 후 볼펜의 발명은 정말 획기적인 상품이며 요사이는 모든 사람들에게 없어서는 안 될 필수품이 되었습니다. 그래서 볼펜의 종류만 하더라도 수십 가지가 넘습니다. 그러나 볼펜의 잉크가 다 없어지면 버려야 합니다. 이 다 쓴 볼펜을 글씨를 쓰는 용도 외에 무엇으로 만들 수 있으며 어떤 일에 사용할 수 있는지 새로운 방법을 생각해 봅시다.

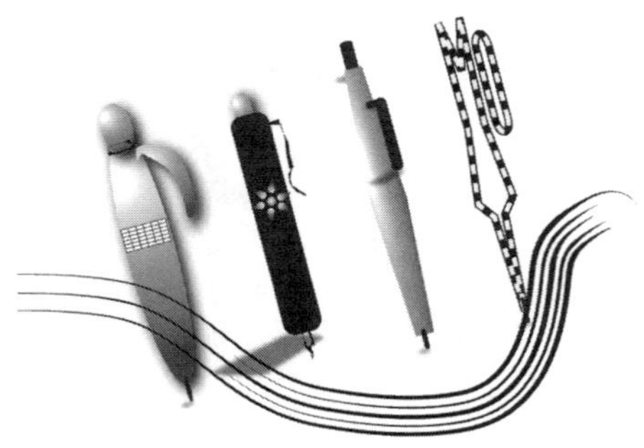

문제풀이과정

　어느 날이었습니다. 점심시간에 학생들이 놀고 있는데 그 중에서도 한 학생이 아주 잘 만든 비행기를 가지고 놀고 있었습니다. 그 모습이 신기하여 학생을 불러 만든 과정을 설명해 보라고 했습니다. 이 학생은 의기양양하여 못 쓰는 볼펜이나 샤프 펜을 가지고 만들었다고 자랑을 하였습니다. 나는 이 학생의 손재주가 하도 놀라워 크게 칭찬한 일이 있습니다. 자! 또 어떤 유용한 물건을 만들 수 있을까요? 고안하여 봅시다.

107 공통점은 무엇일까요?

우리가 가정에서 흔히 사용하고 있는 주전자와 분무기는 서로 사용되는 용도가 다릅니다. 이 두 가지의 차이점을 열거하라고 하면 많이 찾아낼 수가 있지만 공통점을 찾으려고 하면 쉽지가 않습니다. 주전자와 분무기의 공통점은 무엇인지 10가지 이상 적어 봅시다.

문제풀이과정

창의력 증진의 한 방법으로 반대로 질문하기가 있습니다. 예를 들어 "모래와 유리의 다른 점을 써보세요" 하면 쉽게 열거할 수 있습니다. 그러나 반대로 "모래와 유리의 공통점을 써보세요" 하면 그만 말문이 막히고 고민에 휩싸이게 됩니다. 마찬가지로 위의 문제도 다른 점을 열거하기는 쉬워도 공통점은 찾기가 쉽지만은 않을 것입니다. 자! 될 수 있는 대로 많이 열거하여 봅시다.

108 가정의 일기예보를 하여 봅시다

삼라만상이 끊임없이 변하듯 하루의 날씨도 우리의 기분과 같이 수시로 변하고 있습니다. 그래서 모든 사람들의 안전을 위하여 하루의 날씨, 주간 날씨 등을 기상대에서는 상세히 보도하고 있습니다. 이 일기예보를 이용하여 가족과의 관계를 나타내고 발표하여 봅시다.

문제풀이과정

모방이 창조의 근원이 됩니다. 남의 생각을 자기의 생각으로 바꾸고 남의 일을 자기 것처럼 해주다가 보면 경험이 쌓여 자기의 실력이 늘게 되는 것입니다. 마찬가지로 다른 현상을 자기주변의 일로 만들어 이야기 해보는 것도 경험이나 창의력 증진에 많은 도움을 줍니다. 자! 요사이 태풍이 올라오고 있습니다. 이것을 우리 가정으로 비교한다면 어떤 이야기가 벌어질까요? 부모님과 함께 발표하여 봅시다.

109 내가 만약에 개구리가 된다면 어떻게 할까요?

개구리는 매우 유익한 동물입니다. 그러나 요사이 무분별한 남획으로 인하여 그 수가 급격히 줄어들고 있습니다. 우리는 내 생명도 귀중하듯이 동물의 생명도 매우 귀중하게 다루어야 합니다. 이런 마음을 가질 수 있도록 서로가 바꾸어 생각해보면 많은 부분을 이해할 수 있을 것입니다. 만약 내가 개구리가 된다면 어떤 좋은 일을 할 수 있는지 10가지 이상 적어 봅시다.

문제풀이과정

서로를 이해하고 다른 생각을 아는 데에는 역할을 바꾸어 행동해 보는 것이 도움을 줄 수 있습니다. 이는 또 창의력 증진에 많은 도움을 주고 있습니다. 옛말에 "무심코 던진 돌에 개구리가 죽는다" 라는 말이 있습니다. 이 말은 많은 시사점을 주기도 합니다. 내가 개구리로 태어난다면 어떤 좋은 일을 할 것이며 어떻게 생각할까요? 토의하여 봅시다.

110 어느 닭이 알을 부화할 수 있을까요?

머리가 좋은 닭과 힘이 센 닭이 있습니다. 두 닭이 부화를 하려고 알을 품고 있는데 쉬기 위하여 자리만 비우면 족제비란 놈이 알을 물고 가버립니다. 그래서 자리를 비우지 못하고 알 주위를 맴돌면서 계속 지켜야 합니다. 어느 닭이 어떤 방법을 이용해서 달걀을 잘 지켜낼 수 있을까요? 또 걱정하지 않고 안전하게 보호하는 방법은 무엇일까요?

문제풀이과정

천적이란 보기만 하면 잡아먹는 동물을 말합니다. 족제비는 닭만 보면 잡아먹습니다. 그래서 닭은 항상 불안한 마음으로 알을 품고 있지요. 힘이 아무리 세어도 족제비를 당할 수는 없습니다. 그러나 머리를 약간만 회전시켜도 안전하게 알을 부화할 수 있을 것입니다. 족제비보다 더 힘센 동물은 무엇일까요? 그 옆에서 알을 품으면 어떻게 될까요?

XII. 생활화된 창의성 교육이 창의력을 높인다

지식기반사회에 접어들면서 지금 우리 사회는 학생들의 창의성 교육문제에 직면해 있다. 그래서 요사이 각 지역마다 영재교육원을 창설하여 새로운 아이디어를 가질 수 있는 창의성 교육에 모든 힘을 모아가고 있는 것이다.

그러나 창의성을 가진 인재의 육성은 어릴 때부터 체계적이고 새로운 교육 프로그램을 적용하여 몸에 밸 수 있도록 생활화시키는 것이 필요해서 생각만큼 그리 잘 이루어지는 것은 아니다. 어릴 때부터 일상생활에서 나타나는 모든 문제들을 창의적이고 체계적으로 생각할 수 있게 하기 위해서는 먼저 부모가 창의적인 생각과 생활을 지속적으로 해나가는 것이 필요하기 때문이다. 부모의 창의적인 생활은 학생들이 항상 같이 생활하면서 느끼기 때문에 자연스럽게 창의적인 생활로 이끌어 줄 수 있다.

때문에 시간을 내어 몇 번의 교육이나 훈련을 통하여 인위적으로 창의성 교육을 하는 것보다는 평상시의 연속적인 생활 속에서 새로운 생각을 가질 수 있도록 하는 것이 가장 좋은 방법이다. 단적인 예로 일상적인 생활 속에서 늘 변하는 날씨를 가지고도 얼마든지 학생의 다양하고 창의적인 생각을 이끌어 낼 수 있다.

병주의 부모는 농사를 짓고 있다. 내일은 무를 심는 적기라 "내일 밭에 무씨를 뿌려야 하는데 날씨가 어떤지 알아보거라"고 과제를 주었다. 병주는 전화로 일기예보를 알아보고 "내일 비가 온대요. 일을 하면 안 돼요"라고 말씀드렸다. 하지만 부모는 개미가 줄지어 지나가지 않는 것을 보고 "내일은 비가 많이 오지 않겠군. 일 준비를 해라" 하고 말하였다.

172

병주는 "일기예보에서 비가 온다는데 왜 개미를 보고 비가 많이 오지 않는다고 할까?" 매우 궁금하여 여러 가지 자료를 조사하여 보았다.

이와 같이 자연에서 나타나는 여러 가지 동식물의 행동을 이용하여 미리 일기를 예측하고 감지해 보는 일도 매우 창의적인 일인 것이다. 우리의 생활은 날씨의 변화에 따라 매우 달라지기 때문에 이미 기원전부터 자연관찰에 기초해 날씨를 예측하려고 매우 노력해왔다. 이는 태양의 햇무리가 생기면 비가 내린다는 이야기부터 두꺼비와 개미, 해파리의 습성 등을 이용한 일기예보가 그 예이기도 하다.

물론 전자과학을 이용한 과학적인 예보가 정확성이 있다고 생각할 수도 있겠지만 미리 안다는 것은 전자과학의 힘으로도 확률이 적어 빗나간 예보를 하는 수가 종종 있기 때문이다. 그래서 요사이 선진국에서는 기상현상의 예측을 과학적인 힘보다도 생태계 속에서 사는 동식물의 습성에서 찾으려고 많은 연구를 하고 있으며 이를 이용한 최첨단 발명품들이 속속 만들어지고 있다.

우리들 주위에서 흔히 볼 수 있는 비둘기나 독수리 같은 새들만 보더라도 먹이를 사냥할 때 아무리 멀리 있어도 위치를 정확하게 파악할 수 있으며 또한 바다에 사는 어떤 동물은 우리가 관측할 수 없는 미세한 자극에도 반응하는 능력을 가지고 있다. 물론 동물들의 이러한 습성들은 사태를 미리 예측하는 것이 아니라 우리보다 훨씬 뛰어난 감각을 가지고 있어서 자연의 변화에 반응하는 것이다.

그러나 과학자들은 이런 동물들의 습성을 심도 있게 분석하여 최첨단 기구를 만들어 예측하려고 하는 것이다. 이와 같이 자연은 과학의 보고이기 때문에 창의성 교육을 인위적으로 하기보다는 자연의 원리를 이용해서 하는 것이 바람직하다.

111 낙엽이 너무 커서 안 보이게 하려면 어떻게 할까요?

가을이 되면 나뭇잎이 많이 떨어집니다. 이 나뭇잎의 길이를 자로 재어보니 가로 4cm, 세로 8cm이었습니다. 손에 놓고 보니 작아 보였습니다. 이 낙엽을 될 수 있는 대로 크게 나타내고 싶습니다. 어떻게 하면 가장 크게 나타낼 수 있을까요?

문제풀이과정

물체의 크고 작음은 관념적인 것입니다. 우주로 생각하면 지구는 티끌 같은 존재이고 세균으로 생각하면 우리 몸이 우주인 것입니다. 문제는 아주 작은 낙엽이군요. 그러나 모든 물체는 멀리서 보면 작게 보이고 가까워질수록 크게 보인다는 것입니다. 가장 크게 보이는 것은 너무 커서 안 보이게 하는 것입니다. 어떻게 하면 보이지 않을까요?

112 왜 화상을 입지 않을까요?

일요일이 되어 병주는 가족과 함께 유원지에 갔다가 돌아오는 길에 찜질방을 들렀습니다. 안에 들어가 보니 소금 방, 증기 사우나, 건식 사우나 등 여러 종류의 찜질방이 있었습니다. 밖에서 안의 온도를 보니 110℃로 적혀 있어 겁이 났습니다. 그래서 63℃로 적혀 있는 소금 방으로 들어가 보았습니다. 온도가 63℃라서 괜찮을 줄 알았는데 뜨거워서 2분을 못 참고 나왔습니다. 그러나 다른 사람들은 110℃로 적혀 있는 습식 사우나탕으로 많이 들어가고 있었습니다. 63℃도 못 견디겠는데 110℃에서는 어떻게 화상을 입지 않고 견딜 수 있을까요?

문제풀이과정

물이 끓는 온도는 100℃입니다. 이 온도가 되면 화상을 입지요. 그런데 사우나탕에 들어가면 분명 온도가 110℃인데 화상을 입지 않습니다. 왜 그럴까요? 이것은 비열문제입니다. 모든 물질은 열을 가지는 정도가 다릅니다. 많은 열을 가지는 물질이 있는 반면에 아주 적은 열만을 가지는 물질이 있지요. 물과 수증기의 비열은 얼마인지 알아봅시다.

113 어디에 사용할 수 있을까요?

병주는 비가 와서 우산을 쓰고 친구 집에 숙제를 하러 가려했지만 바람이 매우 심하게 불고 있었습니다. 우산을 꼭 잡고 길을 가는데 갑자기 강풍이 불어 우산이 뒤집어졌습니다. 간신히 잡고 친구 집에는 갔지만 새로 산 우산이 다 망가져 버렸습니다. 병주는 망가진 우산이 아까워 "다른 곳에 재사용할 수는 없을까?" 밤새워 궁리하였지만 생각이 잘 나지 않습니다. 이 부서진 우산은 어디에 재활용하면 좋은지 3가지 이상 궁리하여 봅시다.

문제풀이과정

자원재활용 문제입니다. 발명품 경진대회에 가보면 버려지는 우산을 가지고 만든 발명품들이 속속 나오고 있습니다. 예를 들면 옷걸이, 빨래걸이, 별 모양 관찰기기, 책상덮개, 등산용 지팡이 등 무수히 많습니다. 자! 나는 어떤 발명품을 만들 수 있을까요? 고안하여 봅시다.

114 고양이와 쥐는 가족이 될 수 있을까요?

고양이와 쥐는 서로 천적관계이며 고양이는 쥐보다 몸집이 크고 날카롭기 때문에 항상 쥐만 보면 괴롭히다가 잡아먹습니다. 그러나 유심히 관찰하여 보면 근래에 와서는 음식물이 많아서인지 쥐를 잘 괴롭히지 않는 것 같습니다. 이런 관계가 지속된다면 고양이와 쥐가 같이 공생하며 살 수도 있을 것 같습니다. 그런데 서로 싸우는 고양이와 쥐가 서로 사랑하며 같은 울타리에서 살게 하려면 어떤 조건이 충족되어야 할까요? 5가지만 제시하여 봅시다.

문제풀이과정

쥐와 고양이는 천적관계입니다. 이 천적관계끼리 공생을 하기 위해서는 많은 조건이 필요할 것입니다. 그러나 전혀 불가능한 일만은 아닙니다. 조건만 잘 주어지면 친하게 될 수 있을 테니까요. 어떤 조건이 필요할까요? 일반적으로 만족하면 서로 괴롭히지 않는다는 점에 유의해야 합니다.

115 어떤 모양의 책을 만들 수 있을까요?

책에 대한 고정관념은 사각형으로 생겼다는 것입니다. 그 이유는 여러 가지가 있겠지만 가장 많이 문자를 넣을 수 있다는 이점 때문일 것입니다. 그러나 요사이 동화책을 사보면 이런 고정관념을 깨고 여러 가지 다른 모양의 책들을 볼 수 있습니다. 매우 획기적인 일이지요. 내가 만약 나의 자서전을 만든다면 어떤 모양으로 만들면 좋을까요? 자기만의 독특한 책 모양을 고안하여 봅시다.

문제풀이과정

"책은 사각형이다"라고 하는 것은 고정관념입니다. 그래서 요사이 여러 가지 모양의 다양한 책들이 쏟아져 나오고 있습니다. 그러나 나의 마음에 꼭 드는 책은 찾을 수가 없습니다. 나에게 꼭 맞는 새로운 형태의 노트나 책을 한번 만들어 봅시다.

116 나비와 나방은 어떻게 다를까요?

　병주의 집은 약국을 하고 있습니다. 그래서 밤 10시까지 문을 열어 놓습니다. 때문에 여름이 되면 가게 안으로 나방이나 나비가 많이 날아옵니다. 그러던 어느 날 가게 안으로 나비 같은 곤충이 한 마리 날아 들어와 바닥에서 펄떡이고 있었습니다. 어머니는 그것을 보고 나에게 "병주야! 이게 나방이니? 나비니?"라고 물었습니다. 순간 나는 당황했습니다. 사실 나방과 나비를 구분할 수 없었기 때문입니다. 그래서 인터넷과 여러 가지 서적을 찾아보고 연구를 하였습니다. 어떻게 구별할 수 있을까요? 알아봅시다.

문제풀이과정

　평소에 관찰력만 좋으면 쉽게 알 수 있는 문제입니다. 그러나 여러 학생들에게 물어보면 잘 모르고 있습니다. 이는 관찰력이 부족하기 때문입니다. 관찰은 여러 가지 과정을 통해서 정량적으로 나타내는 것이 일반적입니다. 평소 우리는 모든 물체를 의미 있게 유심히 보는 습관을 길러야 합니다. 나방과 나비는 모든 면에서 다른 습성을 가지고 있습니다. 어떤 차이점이 있는지 조사해 봅시다.

117 같은 높이를 어떻게 측정할 수 있을까요?

집을 지으려고 양쪽에 6m나 되는 두 기둥을 세웠습니다. 이 두 기둥에서 같은 높이로 벽돌을 쌓고 싶은데 밑면이 수평인지 아닌지 알 수가 없습니다. 그래서 수직으로 같은 길이를 측정하여 표시하는 것은 수평이 되지 않을 가능성이 있습니다. 지표와 똑같은 높이로 표시하려면 어떤 과학적인 원리를 이용해야 지표면과 똑같은 높이를 만들 수 있을까요? 원리를 설명하여 보고 기구를 제작하여 봅시다.

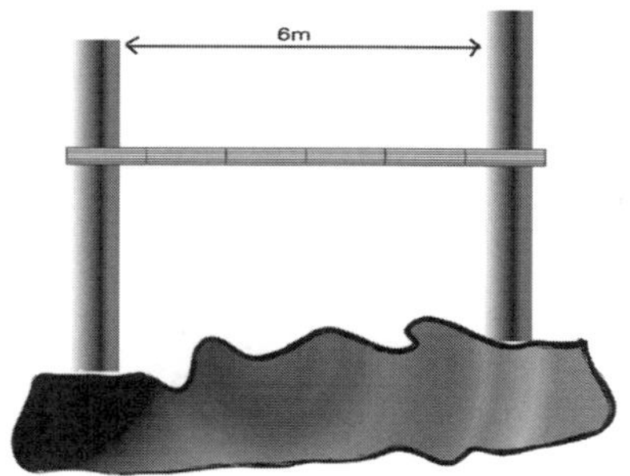

문제풀이과정

수평을 측정하는 기구에는 물방울이 중간에 오도록 한 수준기라는 기구가 있습니다. 요사이는 더 개발되어서 레이저로 측정하기도 합니다. 이런 기구들은 비싸기 때문에 집에 사서 보관할 필요가 없습니다. 그렇다면 간이형으로 만들어야 하는데 어떻게 하면 고안할 수 있을까요? 자! 우리 주위에 흔히 널려 있는 호스를 이용하여 한번 고안하여 봅시다.

118 우리의 하루는 우주에서 몇 시간일까요?

　지구에서는 태양을 기준으로 한 바퀴 도는 시간을 일 년이라고 하며 일수로는 365일입니다. 일 년의 1/365을 하루라고 하며 우리는 하루 동안을 또 아침, 점심, 저녁으로 나누어 생활하고 있습니다. 그러면 우주에서 지구를 바라볼 때 하루는 몇 시간 정도 될까요? 예측하여 보고 그 이유를 과학적으로 설명하여 봅시다.

문제풀이과정

　나는 가끔 이런 생각을 합니다. "개미가 생각하는 우주는 어떤 것일까? 개의 하루는 얼마나 길까?" 동물마다 하루의 길이와 생각하는 우주가 다를 것입니다. 그러나 우리가 우주에서 산다면 지구의 하루와 우주의 하루는 같은 것일까를 생각해 볼 수 있어야 합니다. 과학적인 원리에 입각하여 달, 화성, 우주의 시간과 지구의 시간을 예측하고 비교하여 봅시다.

119 우주에서는 어떤 일이 벌어질까요?

지구에 사는 우리는 중력으로 인하여 매우 편리하게 생활을 하고 있습니다. 아침이 되면 화장실에 갔다가 세수를 하고 밥을 먹는 등 하룻동안 여러 가지 일을 합니다. 만약 우주에서 이와 같은 일을 한다면 어떤 일이 벌어질까요? 과학적으로 설명해 보고 해결점도 찾아봅시다.

문제풀이과정

우주에는 지구보다도 중력이 아주 큰 곳도 있고 작은 곳도 있습니다. 이 중력의 크기에 따라 생활이나 우주복도 달라져야 합니다. 만약 무중력 상태라면 둥둥 떠다니게 되겠지요. 이제 우리도 우주인을 탄생시켰습니다. 우주공간에서 하는 생활은 지구와 많이 다르다는 것을 여러분들은 매스컴을 통해서 잘 보았을 것입니다. 우리의 하루 생활을 우주에서 생활하는 것처럼 생각하여 이야기해 봅시다.